三余

冬者岁之余
夜者日之余
阴雨者时之余

暮云春树

关于友谊的四种经典

[古罗马] 马库斯·图留斯·西塞罗
[法] 米歇尔·德·蒙田
[英] 弗朗西斯·培根
[美] 亨利·大卫·梭罗 著
李家真 译注

中国法制出版社
CHINA LEGAL PUBLISHING HOUSE

嘤其鸣矣　求其友声

相彼鸟矣　犹求友声

矧伊人矣　不求友生

《诗经·小雅·伐木》

目

录

西塞罗

论

友　谊

西塞罗（Marcus Tullius Cicero，前106—前43）为古罗马哲学家、作家、政客及演说家，曾任罗马共和国执政官。《论友谊》（*De Amicitia*）是西塞罗公元前44年的作品，原文为拉丁文，译文以英国古典学者及翻译家伊夫林·沙克堡（Evelyn Shuckburgh，1843—1906）的英译本为依据，同时参照了美国学者及作家安德鲁·皮博迪（Andrew Peabody，1811—1893）的英译本，以及美国学者威廉·法孔讷（William Falconer，1869—1927）的英译本。

从生活中剔除友谊，无异于从天空里剔除太阳，因为永生众神赐予我们的恩典，再没有哪样比友谊更美好，更使人欣喜欢畅。

大自然赐予我们友谊，是让它充任美德的仆从，不是让它充当罪恶的帮凶，是考虑到孤立的美德力有不逮，所以才让美德与美德携起手来，合力达成最高的目标。

占兆师昆图斯·穆西乌斯·西弗拉是盖尤斯·拉埃柳斯[1]的女婿，经常给我们讲述岳父的轶事，这些事情他记得很清楚，讲得也很生动。提到岳父的名字，他总会毫不犹豫地加上“智者”这个称号。我刚刚穿上成年袍服[2]的时候，父亲就把我介绍给了西弗拉，而我珍重与这位可敬师长的缘分，尽可能守在他的身边，只要我有机会，只要他有时间。这一来，我记下了他许多的谆谆教诲，还有许多短小精悍的警句格言，简言之就是尽量汲取了他的智慧。他去世之后，我开始追随大祭司西弗拉[3]，我可以冒昧地说，这位大祭司的才能和品格，都可以算是国中翘楚。后面这位西弗拉的事迹，且容我改日叙说，至于现在，我还是回头来说占兆师西弗拉。我多次听他讲起拉埃柳斯，其中一次尤其令我记忆犹新。那天他像平常一样，坐在花园里一张半圆形的靠椅上，在场的人有

1. 西弗拉（Quintus Mucius Scaevola，前159？—前88）为古罗马政客及法学家，西塞罗的老师，公元前117年任执政官，并曾多年担任占兆师。占兆师是古罗马共和国一种位高权重的神职，职责是通过观察鸟类的飞行来解读众神的旨意；拉埃柳斯（Gaius Laelius，前186—？）为古罗马政客，公元前140年任执政官，绰号“智者”（Sapiens）。

2. 成年袍服（toga virilis）是古罗马少年在年满十五岁（或说十六岁）时穿上的白袍，是成年的标志。

3. 大祭司西弗拉（Quintus Mucius Scaevola Pontifex，？—前82）为古罗马政客及法学家，曾任执政官及罗马大祭司（古罗马的最高神职），是上文那个西弗拉的族弟。

我，还有少数几个亲密友朋。谈话之间，他偶然提起了当时一个众人热议的话题。阿提克斯[4]，你和普布柳斯·苏尔皮修斯非常亲近，因此你一定记得，身为保民官的苏尔皮修斯原本是执政官昆图斯·庞培乌斯的至交好友，当时却与庞培乌斯发生了致命的争执[5]，由此引发了哗然议论，甚或愤怒声讨。好了，那次谈话当中，西弗拉碰巧说到这件事情，于是给我们详细转述了拉埃柳斯关于友谊的一番议论，拉埃柳斯的议论是在西庇阿刚去世几天的时候发表的，听众有西弗拉自己，还有拉埃柳斯的另一个女婿，马库斯·凡尼乌斯的儿子盖尤斯·凡尼乌斯。[6]我记住了他们那次谈话的要点，并且按照我自己认为适当的方式，把他们的谈话写在了这篇文章里。具体说来，经过我的编排，与会诸人似乎亲身登上了我搭建的舞台，我这么做，一是为了避免叙述当中出现过多的“我说”和

4.阿提克斯（Titus Pomponius Atticus，前110？—前31）为爱好文艺的古罗马富商，西塞罗的多年挚友，本文的题献对象。

5.公元前88年，时任保民官的普布柳斯·苏尔皮修斯（Publius Sulpicius，前121？—前88）为维护平民权益而与古罗马贵族阶层发生冲突，由此被杀。昆图斯·庞培乌斯（Quintus Pompeius，？—前88）时任执政官，事发时站在苏尔皮修斯的对立面。

6.这里的“西庇阿”是指小西庇阿（Scipio Africanus Minor，前185—前129），古罗马政客及著名将领，曾两度担任执政官，与拉埃柳斯是一对终生挚友；盖尤斯·凡尼乌斯（Gaius Fannius，生卒年不详）为古罗马政客，公元前122年任执政官。

“他说”，二是为了给读者营造一种现场聆听的感觉。

你经常敦促我写点儿谈论友谊的文字，而我完全同意，友朋之谊似乎值得所有人的认真探讨，考虑到你我之间的亲密友情，这个话题更显得格外应景。既是如此，我非常乐意遵照你的请求，以我的文章造福公众。

现在来说说这篇文章里的主角。之前我献给你的那篇关于老年的文章，文中的首要发言者是加图[7]，原因是以我之见，加图的老年生活持续得比任何人都要长，并且洋溢着格外充沛的活力，再没有人比他更有资格谈论这个话题。以此类推，我既已从历史掌故当中获知，盖尤斯·拉埃柳斯和西庇阿之间的友谊举世无双，因此便认为，拉埃柳斯刚好适合在关于友谊的讨论当中充任主角，更何况依照西弗拉的记忆，他确实参与过这样的一场讨论。除此而外，这类讨论的参与者

7.这里的“加图”是指老加图（Marcus Porcius Cato，前234—前149），出身寒微的古罗马政客及作家，曾任执政官，以贤能俭朴著称。西塞罗提到的文章是《老加图论老年》（*Cato Maior de Senectute*），是他在公元前44年的作品。

如果是古人，尤其是德高望重的古人，便可借他们的权威增添些许分量。实在说来，阅读自己论述老年的文字之时，我常常觉得说话的人是加图，并不是我。

最后，正如我把前一篇文章献给你，作为一位老人给另一位老人的礼物，我也把这篇《论友谊》献给你，作为一位挚友对朋友的馈赠。在前一篇文章里，说话的人是加图，因为他是他那个时代最为年高德劭的人物，而在这篇论述友谊的文章里，说话的人换成了拉埃柳斯，因为他既是一位智者（“智者”正是他的绰号），又以他和西庇阿的友谊佳话著称。请你暂时忘记我的存在，想象一下，你是在听拉埃柳斯说话。

西庇阿去世之后，盖尤斯·凡尼乌斯和西弗拉一起去拜访他们的岳父拉埃柳斯。他们向拉埃柳斯提了一些关于友谊的问题，拉埃柳斯给了他们解答。这一篇论述友谊的文字，完全是拉埃柳斯的手笔。从这篇文章里，你会看到你我友情的影子。

凡尼乌斯：您说得很对，拉埃柳斯！世上从未有过比西庇阿更高尚、更光彩的人物。可是您得知道，眼下这个时候，所有人的眼睛都盯着您呢。大家都把您称为无与伦比的“智者”，心里也认为您名副其实。不久之前，人们把同样的敬称送给了加图，上一辈人当中，卢修斯·阿提柳斯[8]也拥有“智者”的美名，但他们两个的智者称号，来由都跟您有所不同。阿提柳斯号为智者，是因为他是一位著名的法学家，加图的智者之称，则是他在耄耋之年得到的一种荣衔，原因是他饱经世事，以远见与坚毅闻名，又在元老院和广场发表过许多真知灼见。您拥有的智者美誉，内涵却有点儿不一样，它不光源自您的天赋和品格，还源自您的勤勉和学

8. 阿提柳斯（Lucius Atilius）是公元前二世纪的古罗马法学家，以学识渊博著称。

识，您不是普罗大众心目中的那种智者，而是学者们崇敬的那种智者。就我们阅读所及而言，连希腊都不曾孕育这种意义的智者，除了那个雅典人以外——当然喽，那个雅典人曾被阿波罗的神谕宣布为“绝顶睿智的凡人”[9]——因为在较比苛刻的批评家看来，通常号为“七贤”[10]的那些人还没有资格跻身智者之列。在大家看来，您的智慧体现在您认为自己无求于身外之物，认为自身的美德不受无常世事的影响。既然如此，大家一直在跟我打听，肯定也在跟咱们眼前的西弗拉打听，您如何面对西庇阿去世的伤痛。本月农兹日[11]，我们这些占兆师照常在德西穆斯·布鲁图[12]的郊区别墅会商，平时您都会准时准点参加会议，履行占兆师的职责，这次却没有到场，大家就更觉得好奇了。

西弗拉： 是啊，确实是这样，拉埃柳斯，经常都有人拿凡尼乌斯说的这个问题来

9.“那个雅典人”指古希腊大哲苏格拉底（Socrates，前470？—前399）。据苏格拉底的学生、古希腊大哲柏拉图（Plato，前428/427—前348/347）所说，曾经有人去阿波罗的神谕所询问，世间有没有比苏格拉底更睿智的人，神谕给出的回答是“没有”。

10.古希腊“七贤”（Seven Sages）指公元前六世纪的七位以睿智著称的人物，即雅典的梭伦（Solon of Athens）、斯巴达的契罗（Chilon of Sparta）、米利都的泰勒斯（Thales of Miletus）、普林纳的毕阿斯（Bias of Priene）、米蒂利尼的庇塔库斯（Pittacus of Mitylene）、林度斯的克莱俄布卢（Cleobulus of Lindos）和科林斯的佩里安德（Periander of Corinth）。有一些版本的“七贤”列出的最后两人与此不同。

11.农兹日（nones）是古罗马日历中的一个日子，即三、五、七、十月的第七天，其他月份的第五天。

12.从年代来看，这里的“德西穆斯·布鲁图”（Decimus Brutus）应该是指公元前138年任执政官的德西穆斯·尤尼乌斯·布鲁图·卡利库斯（Decimus Junius Brutus Callaicus，前180—前113）。

问我。不过，我已经根据我眼见的事实作出了回答。我告诉他们，面对这样的伤痛，您表现得相当理性，尽管逝者既是一位无比杰出的伟人，又是一位十分亲密的友人。我还告诉他们，您当然不可能无动于衷，无动于衷完全不符合您的仁厚天性，可您没来开会只是因为生病，并不是因为悲伤过度。

拉埃柳斯：西弗拉，谢谢你！你说得很对，完全符合事实。因为说实在话，除非是卧床不起，我没有权利以任何个人不幸为借口，纵容自己逃避一份向无懈怠的义务，而且我认为，什么样的事情也不能驱使一个有原则的人放弃义务。凡尼乌斯，虽说我不配也不想领受“智者”的头衔，可你提到人家送给我的这个美名，无疑是出于你对我的敬爱之情，只是我不得不说，你似乎小看了加图。世上是否有过所谓的“智者”，要我说还是个疑问，真有哪个人当得起这个称号的话，这个人就只能是加图。别的都不用说，就想想他是怎么面对丧子之痛的吧！我没有忘记保卢斯，而且亲眼看见过加卢斯的表现[13]，可他们失去的只是尚在稚龄的儿子，加图失去的却是一个众望所归的成年子嗣[14]。既然如此，你千万别急着把任何人抬到加图之上，哪怕是你刚才提到的那位著名人物，尽管照你的说法，他曾被阿波罗宣布为“绝顶睿智的凡人”。你得记住，前者的声名来自行动，后者的声名却来自言语。

好了，现在我来解答你们两个的问题，说说我自己的情形。你们只管相信，我的情形是这样的：我要是说我没有为西庇阿的死感到悲痛，那我的行为就只有靠哲学家们来辩解开脱，但从事实上看，我这是在说假话。我认为西庇阿是一位不可再得的朋友，而且我可以毫无顾虑地说，他这样的朋友我以前也不曾有过，失去了这样一位朋友，我

13. 保卢斯（Lucius Aemilius Paullus Macedonicus，前229？—前160）为古罗马将领及政客，曾接连失去两个年幼的儿子；加卢斯（Gaius Sulpicius Gallus）为古罗马天文学家、将领及政客，公元前166年任执政官。

14. 老加图的长子加图·利希年纳斯（Cato Licinianus）是一位勇武的战士，还是一位杰出的法学家，死于公元前152年左右，去世时已经当选副执政官。

当然深感悲痛。只不过，我能够为自己找到慰藉，并不需要什么外来的灵丹妙药，这主要是因为我摆脱了那种错误的观念，通常来说，人们之所以会为朋友的离去痛苦不已，无非是那种观念作祟的结果，因为我坚信西庇阿与世长辞，并不意味着他遭遇了灾祸，非要说有人因此身遭不幸，这个人也只能是我。一个人为自己的不幸痛心疾首，并不能体现友爱，不过是自恋的表现而已。

至于西庇阿，谁能说他没有从这样的结局当中受益呢？原因在于，除了不死之身以外——可他压根儿不曾有过永生的妄想——凡人能够想望的东西，他还有哪样没有得到？早在刚刚成年的时候，他已经凭借非凡的英勇气概，达到乃至超出了同胞们从他孩提时代就寄予他的厚望。他从未参选执政官，却还是两次当选。第一次当选的时候，他甚至没达到法定的年龄[15]，而他的第二次当选，对

15. 小西庇阿于公元前147年第一次当选执政官，时年三十八岁，担任执政官的年龄下限是四十岁。当时他本来竞选的是市政官，但却因声望卓著而被众人推戴为执政官。

他自己而言来得够快，对国家利益而言却几乎为时太晚[16]。他摧垮了与我国怨仇最大的两个城邦[17]，由此不仅终结了正在肆虐的战火，还终结了战火重燃的可能性。至于他翩翩的风度，他对母亲的孝心，对姊妹的慷慨，对亲友的豪爽，对所有人的诚信，全都是你们早已知晓的事情，还用得着我来说吗？除此而外，人们在他葬礼上的哀恸表现，足可证明他在同胞心目中的地位。这样的一个人，就算是多活那么几年，又能有什么新的收获呢？老了就不中用的说法，并不一定符合事实，何况我记得，去世两年之前，加图还在我和西庇阿面前驳斥过这种说法[18]。话又说回来，年岁终归不饶人，注定会夺走西庇阿依然拥有的活力与朝气。既然如此，我们不妨这样总结，从相随始终的福气和业已取得的荣耀来看，西庇阿的人生堪称圆满，已经不可能锦上添花，而他的突然离世，恰恰使

16. 小西庇阿于公元前134年第二次当选执政官，当时罗马人正在与伊比利亚半岛的凯尔特人进行努曼西亚战争（Numantine War，前154—前133），人们认为只有他才能率领罗马人打赢这场苦战。小西庇阿率军出征，罗马人迅速取胜。

17. 即北非城邦迦太基（Carthage）和伊比利亚城邦努曼西亚（Numantia）。

18. 西塞罗在《老加图论老年》当中记述了三人的这次对话。

他逃脱了慢慢死去的煎熬。至于说他是怎么死的，这事情很难有个定论，人们有些什么样的猜测，你们也都知道了。[19]不过我可以这么讲，西庇阿这辈子有过无数个大获全胜的大喜日子，最辉煌的一日却莫过于他的最后一日。那一天，元老院散会之时，各位元老和罗马民众，还有罗马盟邦和拉丁人的代表，不约而同地一起护送他，一直把他送到了家门口。他从这样的民望巅峰出发，接下来理当升入众神所在的天国，绝不会堕入冥界。

要知道，我可不会与那些新派哲学家为伍，因为他们坚称灵魂与肉体偕亡，人死万事空。我认为更权威的见解出自古人，比如说本族的先祖，他们毕恭毕敬地奉祀死者，足见他们不相信人死灯灭，否则就肯定不会这么做；或者是那些曾经造访此土的哲人，他们以自己的箴言和信条教化

19. 小西庇阿在自家卧室中暴卒，死因迄今不明。据说他的尸身带有伤痕，当时就有人认为他死于谋杀。

了大希腊[20]，那些地方如今已成废墟，当时却欣欣向荣；又或是那位被阿波罗神谕宣布为“绝顶睿智”的人物，他不像大多数的哲学家那样，观点变来变去，而是一以贯之地主张，“人类的灵魂是神圣的，脱离肉体便可以回归天国，人越是高尚正直，灵魂便越容易回归天国”。西庇阿也是这种看法。去世几天之前，他仿佛有所预感，于是就开始畅谈国是，一连谈了三天。在场的人有斐卢斯和曼柳斯，其他还有几个人，我也带着你去了，西弗拉。[21]西庇阿谈话的最后一部分讲的主要是灵魂不朽，因为他向我们转述了老西庇阿的教诲，说是他在梦里听见的。[22]好了，假如说情形果真如此，人越是高尚，摆脱肉体囚牢的过程便越是轻松，那么，在我们想象范围之内，谁还能享有比西庇阿更顺畅的升天之旅呢？所以我禁不住觉得，就西庇阿的情形而言，

20. 从公元前八世纪开始，古希腊人在意大利半岛南部建立了多个殖民地，古罗马人把这些殖民地统称为“大希腊”（Magna Graecia），其中之一是爱奥尼亚海滨的克罗顿（Kroton）。古希腊哲学家毕达哥拉斯（Pythagoras，前570？—前495？）曾在克罗顿兴办学校，教授本派哲学，毕达哥拉斯学派的主要观点之一就是灵魂不朽。

21. 斐卢斯（Lucius Furius Philus）为古罗马政客，公元前136年任执政官。曼柳斯（Manius Manilius）为古罗马政客及演说家，公元前149年任执政官。西塞罗在对话录《论共和国》（*De re publica*）当中记述了这次以小西庇阿为主角的谈话。

22. 老西庇阿（Publius Cornelius Scipio Africanus，前236—前183）为古罗马政客及名将，战功显赫，曾两次担任执政官。老西庇阿是小西庇阿的祖父，因为小西庇阿被过继给了老西庇阿的儿子。西塞罗在《论共和国》第六卷当中记述了小西庇阿的梦。

哀悼并不是友爱的表现，反倒透露了嫉妒的心理。另一方面，如果灵魂确实会与肉体一同消亡，人死便不再有知，那么，死亡虽然没有什么好处，至少也没有什么坏处。人没了知觉，就跟不曾出生没什么两样，可西庇阿确曾出生，他来到人世，对我来说是件喜事，对这个国家来说，也将永远是一件值得庆幸的事情。

既然如此，就像我前面说的那样，西庇阿的一生可谓十全十美。可惜我比不上他，原因是我比他先来人世，照理说也该比他先走才对。话又说回来，回想起我俩友情的时候，我总是感到万分喜悦，以至于觉得自己的人生也算美满，因为有西庇阿的陪伴。我俩在公私事务上相互支持，在罗马同屋而居，在海外并肩作战[23]，在品味、追求和好恶等方面达到了完完全全的和谐一致，这样的和谐，恰恰是友谊的真正秘诀。因此，我

23. 拉埃柳斯曾随同小西庇阿征战迦太基。

之所以倍感欣慰，并不是因为凡尼乌斯刚刚提到的智者名声，何况我担当不起这样的美名，而是因为我满怀希望，觉得我俩的友情将会传诵千古。我格外珍视这份友谊，还因为从古到今，名垂青史的朋友充其量也不过三四对，而我衷心希望，西庇阿和拉埃柳斯也能够加入他们的行列，将友谊的佳话流传后世。

凡尼乌斯：不用说，您的愿望肯定会实现的，拉埃柳斯。不过，既然您提到了友谊这个字眼儿，我们大家又都有时间，您不妨按照您解答其他问题的惯例，好好给我们讲讲您对友谊的看法，讲讲友谊的本质，还有结交朋友时应该遵循的准则。您的见解肯定会让我受益匪浅，而且我相信，对西弗拉来说也是一样。

西弗拉：当然喽，我巴不得听您讲。我正想提出这个要求，只不过凡尼乌斯抢了先。您要是愿意讲的话，对我们两个都是天大的恩惠。

拉埃柳斯：我要是觉得自己有把握讲好的话，肯定是不会推辞的，因为这是个高贵的话题，而我们确实像凡尼乌斯说的那样，刚好都有时间。可是，我算是哪一号人物？哪有本事谈论这个话题？你们的提议，倒是很适合那些专门搞哲学的人，尤其是希腊哲人，他们习惯了随机应变，就别人突然抛出的论题侃侃而谈。这样的任务相当艰巨，不经过大量的训练是完不成的。既然如此，你们要是想听取关于友谊的不刊之论，就得去请教那些专业的演讲家。我能做的仅仅是恳劝你们，一定要把友谊看作人世间顶顶紧要的东西，因为再没有什么东西像友谊这么符合我们的天性，像友谊这么切合我们的需要，无论我们身处顺境还是逆境。

但是，我必须首先申明一条原则，也就

是说，**友谊只能存在于好人之间**。不过，我并不打算对这条原则做太过苛细的说明，不打算仿效某些哲学家的做法，他们总是使劲儿掰扯各种定义，不弄到准确过头绝不罢休。他们的做法兴许是对的，只可惜没有什么实际用途。我指的是那样一些哲学家，他们声称唯有“智者”才是“好人”，其他人都不是。不用说，他们的说法没有错。可他们所说的那种“智慧”，至今还没有哪个凡人能够具备。我们应该关注的是我们从日常生活当中观察到的事实，而不是想象当中的完美事物。要是按他们的标准来评判，就连盖尤斯·法布里修斯、曼尼乌斯·丘利乌斯和提贝里乌斯·克朗卡尼乌斯[24]也休想从我这里得到“智者”的称号，尽管我们的先祖认为，这些人都是智者。既然如此，“智慧”这个字眼儿，就让那些哲学家自个儿留着吧，因为所有人都在受这个字眼儿的折磨，

24. 盖尤斯·法布里修斯（Gaius Fabricius Luscinus，生卒年不详），曾两次担任执政官，以俭朴廉洁著称；曼尼乌斯·丘利乌斯（Manius Curius，？—前270）曾三任执政官，亦以俭朴廉洁著称；提贝里乌斯·克朗卡尼乌斯（Tiberius Coruncanius，？—前241），曾任执政官及大祭司，以渊博雄辩著称。

没有人知道它到底是什么意思。只要他们肯承认我说的这几个人是“好人”，那也就行了。没门儿，他们连这一点也不会承认。他们只会说，除了“智者”以外，谁也不配领受“好人”的头衔。这样也好，我们干脆把他们晾在一边，就靠我们俗话所说“娘胎里带来的有限智力”，尽量解决问题吧。

我们所说的“好人”，指的是这样一些人，**他们的行为和生活，体现着无可置疑的正直、清白、公道和仁厚，他们不贪财、不好色、不暴戾，有勇气贯彻自己的信念**。我刚才提到的几个人，便可以充作好人的样板。他们这样的人通常被人们称作“好人”，我们不妨也这么称呼他们，因为他们尽凡人之力师法自然，而自然正是美好人生的最佳向导。

好了，我觉得世间有一条显而易见的真理，也就是说，自然用某种纽带把我们所有人联系在了一起，只不过这种纽带与距离有关，距离越近越牢固。所以我们爱同胞胜过爱外族，爱亲属胜过爱生人，原因是同胞亲属之间，天生就有一种由自然本身缔结的情谊，尽管这种情谊缺少些许长青不败的特质。友谊之所以胜于亲缘，是因为亲缘可以不附带感情，友谊却不能如此。没有感情的亲戚依然有亲戚的名分，没有感情的朋友却不能叫做朋友。要透彻地理解友谊的强大，你不妨想想以下事实：联结全人类的那种仅仅出于自然的纽带，伸展的范围广阔无边，友谊的纽带却十分集中，作用的范围十分狭小，以至于分享友爱的人只能有两个，再多也多不过三五之数。

接下来，我们不妨这样来定义友谊，也就是说，友谊是在世俗事务和神圣信仰方面完完全全的志同道合，再加上相互间的亲善和挚爱。依我看，除了智慧以外，友谊便是永生众神赐予凡人的最好礼物。有些人更看重财富或健康，还有人更看重权势和官位，很多人甚至把感官享受奉为至宝。最后这样东西，只能说是兽类的理想，至于说其他那些东西，都可谓一碰就倒、不堪倚靠，不怎么取决于我们自己的审慎选择，更多是受制于变化无常的时运。另外还有一些人，认为美德是“最美好的事物”。这当然是一种可钦的见解，只不过他们所说的美德，恰恰是友谊的源泉和养料，没有美德，友谊根本不可能存在。

我再重复一遍，我们不妨按人们普遍认可的定义来使用“美德”这个词语，不要去给它添加什么词藻华丽的定义，不妨把那些大家公认的好人认定为好人，比如说保卢斯、加图、加卢斯、西庇阿和斐卢斯。就现实生活而言，他们这样的人已经够好了，我们用不着劳神费力，去讨论那些无处寻觅的理想样板。

这么说吧，对于他们这样的人来说，友谊的好处多得简直不胜枚举。首先，人生若是缺少亲睦友情带来的安然笃定，如何能成为恩尼乌斯[25]所说的“适意人生”？人世间还有什么乐事，能胜过拥有一位全心信赖无话不谈的友人？快乐若是无人分享，成功的价值岂不是少了一半？反过来，若是无人对你的不幸感逾身受，不幸就会令你难以承当。简言之，其他的可欲事物都服务于单一的特定目的，财富是为用度，权势是为尊荣，官位是为名望，娱乐是为享受，健康则是为摆脱病痛、充分发挥身体的机能，与此同时，友谊的好处却可谓数之不尽。无论你走到哪里，友谊始终陪伴在你的左右。它无处不在，但却永远不会不合时宜，永远不会不受欢迎。用俗话来说，水火的功用也不比友谊更多。我说的不是司空见惯的泛泛之交，

25. 恩尼乌斯（Quintus Ennius，前239？—前169？）为古罗马作家及诗人，老西庇阿的朋友。

虽然说那样的交情也能带来乐趣和裨益，我说的是那种完美无瑕的真正友谊，比如那几段流芳千古的友谊佳话。这样的友谊可以为成功增色，还可以分忧解愁，减轻挫败的痛苦。

友谊的福泽深厚博大，为数众多，至于它首要的福泽，则无疑是使我们对未来充满希望，不受软弱和绝望的影响。当我们面对一位真正的朋友，看见的仿佛是我们的另一个自我。所以说朋友总是与我们同在，朋友富有，我们便不致穷乏，朋友坚强，我们便不致软弱，纵使我们生命终结，依然可以借由朋友获得第二次生命。最后这一点兴许最难想象，但朋友的敬重、怀念和悲悼，确实会追随我们于地下，一方面消弭死亡的痛苦，一方面增添生者的荣光。岂但如此，若是从自然当中剔除友爱的纽带，家族与城邦便会分崩离析，连田畴丘陇都会不复存在。

你要是不明白友谊与亲睦的益处，看看争拗与敌对的后果就知道了。古往今来，有哪个家族或城邦能称得上固若金汤，能抵御敌意和分裂，不至于彻底覆亡？由此可见，友谊的裨益何其巨大。

听人说，阿格里真托的一位哲人[26]写过一首希腊文的诗，在诗中以神谕般的权威口吻宣称，自然界和宇宙当中所有的不变事物，都是靠友谊的凝聚之力保持恒定，所有的可变事物，都是因不和的分解之力发生变化。事实上，所有的人都懂得这条真理，都能用自己的亲身体验为它作证，因为一旦看到坚贞友谊的特出范例，看到有人为朋友赴汤蹈火，所有的人都会不约而同地拍手叫好。举例来说，我的朋友和座上嘉宾珀丘维乌斯[27]写了一部新戏，满场观众都为其中的一个场景高声喝彩：剧中的国王不知道两人中的哪一个是俄瑞斯忒斯，皮拉得斯便自称

26. 阿格里真托（Agrigentum）为西西里岛城镇，“大希腊”主要城邦之一，古希腊哲学家恩培多克勒（Empedocles，前490？—前430？）的家乡。

27. 珀丘维乌斯（Marcus Pacuvius，前220—前130？）为古罗马悲剧作家，恩尼乌斯的学生。拉埃柳斯是珀丘维乌斯的赞助人。

俄瑞斯忒斯，打算顶替后者去死，与此同时，真正的俄瑞斯忒斯也一口咬定，自己才是俄瑞斯忒斯。[28]戏演到这里的时候，观众们集体起立，热烈鼓掌。这还只是个虚构事例而已，我们想想看，同样的事情若是发生在现实生活当中，人们又会有怎样的反应呢？不难看出，这样的情感何等自然，因为人们都懂得高度评价他人的义举，尽管他们并没有效仿的勇气。

关于友谊这个话题，我看我只能说这么多。要是我说得不够完整——依我看，我肯定漏了很多东西——那你们只能去请教那些专门探讨这类问题的人，如果你们愿意的话。

凡尼乌斯：我们更愿意向您请教。话又说回来，以前我经常请教您说的那些人，他们的说法也算是比较中听。不过，您讲的这些别有一番风味。

28. 俄瑞斯忒斯（Orestes）和皮拉得斯（Pylades）是古希腊神话中的一对挚友。珀丘维乌斯的这部剧作是《克莱西兹》（*Chryses*），如今仅余残篇。从这个故事的其他版本来看，两个朋友最后都幸免于难。

西弗拉：凡尼乌斯，那天你要是也在西庇阿的花园里，听见了我们讨论政治，你的评价就不会这么保守了。当时他为道义代言，反驳斐卢斯的花言巧语，讲得真是精彩极了。[29]

凡尼乌斯：咳！最讲道义的人为道义代言，自然是不费吹灰之力。

西弗拉：对啊，友谊的话题不也是这样吗？有个人用无比的忠诚、坚定和正直来维护友谊，借此赢得了他最大的荣誉，要把友谊讲清楚，谁还能比他更不费力呢？

拉埃柳斯：你们这可真是强人所难。不管你们用的是什么方法，总之是在强迫我，因为我不能也不该拒绝女婿们的请求，尤其是合情合理的请求。

好吧，思考友谊的时候，我经常觉得，需要掂量的首要问题是：我们对友谊的渴求，是不是因为自身的孱弱与贫乏？我的意

29.在《论共和国》第三卷当中，与会众人先是让斐卢斯扮演反派，阐述政客应该不顾道义的观点，然后又让拉埃柳斯来反驳斐卢斯。

思是，友谊的目的是不是互惠互利，以便取彼之长补己之短呢？又或者，尽管互惠互利是友谊的题中应有之义，友谊的起因却不是互惠互利的需要，而是一种时间更久远、性质更高贵、更发自肺腑的东西，这样的说法，会不会更接近事实呢？代表友谊的拉丁词汇“*amicitia*”，衍生于代表爱的词汇“*amor*”，毫无疑问，爱才是催生相互好感的原动力，原因是物质利益并不难得，就连那些只拥有假装出来的友谊、因利害关系才受人尊重的人，往往也可以得到这种东西，与此同时，友谊的本质却决定了它容不得半点伪装、半点虚假，自始至终都必须完全真诚、完全自发。所以我认为，友谊发端于一种自然的冲动，与求助的愿望无关，它是心灵倾向和爱的直觉相结合的产物，并不是基于对潜在物质利益的精打细算。这种情感的巨大力量，在某些动物身上也看得到。

一段时间之内，这些动物会对幼崽表现出无比强烈的爱，而幼崽也会以同样的爱回报它们，此种情形清楚地表明，它们也具备这种发于天性的本能情感。当然，这种情感还是在人的身上体现得更明显，首先体现于子女和父母之间的天伦之爱，这种爱只有令人发指的邪恶才能破坏，其次体现于一种同样强烈的爱，当我们找到一个人品天性跟我们完全投契的人，这种爱便应运而生，因为我们觉得，自己从对方身上看到了一种我准备称为"美德灯塔"的事物，因为什么事物也不能像美德这样唤起我们的爱，像美德这样赢得我们的好感。可不是嘛，从某种意义上说，我们甚至会爱慕那些从未谋面的人，只因为他们的操守和美德。举例来说，想到盖尤斯·法布里修斯和曼尼乌斯·丘利乌斯的时候，有哪个人，哪怕是那些没见过他们的人，心里会没有几分温暖的敬爱呢？反过来说，又有哪个人能不憎恨塔尔昆、斯珀利乌斯·卡西乌斯和斯珀利乌斯·马埃柳斯[30]呢？为了捍卫我们的意大利疆土，我们曾与两位名将作战，一位是皮洛士，一位是汉尼拔[31]。前者品格高尚，所以我们并不对他深恶痛绝，后者生性残忍，所以使我们举国憎恨，直到永远。

好了，既然高尚品格的魅力如此巨大，以至于可以促使我们爱慕从未谋面的生人，甚至可以促使我们爱慕敌人，那么，当人们遇到一个有可能与之缔结亲密关系的人，觉得自己从对方身上看到了美德与仁善，心生爱慕也就不足为奇了。实实在在地受惠于对方，觉察到对方鼎力相助的意愿，再加上较为密切的交往，确实可以增强爱慕之情，这一点我绝不否认。我前面提过的初始心灵冲动，得到这些因素的推波助澜，结果便是一种相当令人惊叹的炽烈情感。要是有人认为，

30.塔尔昆（Tarquinius Superbus，？—前495）是罗马共和国成立前的末代罗马君王，以暴虐闻名，于公元前509年遭到放逐；斯珀利乌斯·卡西乌斯（Spurius Cassius，？—前485）为罗马共和国早期政客，因叛国罪被处死刑；斯珀利乌斯·马埃柳斯（Spurius Maelius，？—前439）为古罗马富翁，因试图造反称王而被杀。

31.皮洛士（Pyrrhus，前319/318—前272）为古希腊名将，长期与罗马人作战，以仁慈著称；汉尼拔（Hannibal，前247—前181？）为迦太基名将，罗马人的死敌。

这种情感肇端于内心的孱弱，为的是找个人来帮自己满足特定的需求，那我只能说，坚称友谊诞生于欠缺与匮乏，等于说友谊的出身十分低贱，血统呢，恕我直言，也远远称不上高贵。果真如此的话，一个人对友谊的渴望，便会与这个人对自身能力的估计恰成反比。然而，事实与此大相径庭，原因是一个人越是自信，越是得到美德和智慧的支撑，以至于无求于外物，完完全全自满自足，便越是会大张旗鼓地寻求友谊，培育友谊。举例来说，西庇阿对我有什么企求吗？压根儿没有半点企求！我对他也是如此。我俩之间的友谊，从我这方面来说，是因为我仰慕他的美德，从他那方面来说，兴许是因为他觉得我人品不错。我俩的交往越来越密切，友情也随之加深。这份友谊确实带来了巨大的物质利益，但这些东西绝不是友谊的源头，原因在于，我俩乐善好施不是为了让别人感恩戴德，也没有把行善看作一种投资，仅仅是在顺应天生的慷慨性情，与此相类，我俩之所以觉得友谊值得追求，并不是受了潜在利益的引诱，而是因为我俩坚信，友谊能带给我俩的东西，自始至终都包孕于友情本身。

有些人好比兽类，将一切归结为感官享受，他们的观点与此截然不同。这也难怪，人若是作践自己全部的脑力，成天追逐如此卑下可鄙的目标，当然就无法抬眼仰望任何高尚事物，或是任何宏伟神圣的东西。他们那样的人，我们不说也罢，至于我们自己，不妨认准这样的一个道理，亦即爱意与向慕之心，全都源自人在觉察到高尚品格之时油然产生的一种自发情感。两个人彼此向慕，自然会竭力追随向慕的对象，相互之间越走越近，力求献出与对方同样高尚、同样深挚的爱，力求比对方更乐于施与，更不求回报，由此投入一场高贵的竞争，携手抵达至真至诚的境界。我们将会从友谊当中获得最重要的物质利益，这样一来，友谊那个无关匮乏之感只因自然冲动的出身，便显得愈发高贵，愈发符合事实，原因在于，倘若友谊果真是靠物质层面的功用来维系，那就必然会因物质层面的变化而破裂。然而，人的本性既然无可改易，真正的友谊自然是永恒不变的东西。

关于友谊的起源，我就说这么多，说不定，你们已经听烦了吧。

凡尼乌斯：哪里话，请您接着讲吧。接着给我们讲完，拉埃柳斯。我比我身旁这位朋友年长，可以替他做这个主。

西弗拉：正合我意！请您继续给我们讲吧。

拉埃柳斯：好吧，两位好友，你们不妨听一听，西庇阿和我讨论友谊时经常说到的一些事情。不过，首先我得告诉你们，他总是对我说，世上最难的事情，莫过于终身不渝地保持友谊。干扰友谊的因素，实在是太过众多，比如说利益的冲突，政见的歧异，以及常常会有的性格变化，后者有时是因为遭逢不幸，有时是因为年岁增长。说到这一点的时候，他常常拿儿童的情况来打比方，因为童年时期最深挚的情谊，往往会被人们连同童装一起抛弃，侥幸维持到了青年时期，有时也会葬送于争风吃醋，或者是其他一些无法调和的利益之争，就算延续到了成年时期，经常也会遭受猛烈的冲击，如果两人碰巧竞逐同一个官职的话。原因在于，尽管就大多数的情形而言，贪财嗜利是对友谊最致命的打击，但对精英人物来说，最戕害友谊的事情却莫过于争名夺位，这样的竞争时常使得最亲密的朋友反目成仇，变作不共戴天的死敌。

除此而外，若是向朋友提出有悖道义的请求，要朋友迎合自己的邪恶欲望，或是帮助自己为非作歹，也会导致友谊出现一般而言理所应当的巨大裂痕。拒绝朋友提出的此类请求，虽然说完完全全合情合理，却会被所求不遂的朋友斥为不讲义气。对朋友什么请求都敢提的人，为了朋友自然是什么事情都敢干，通常来说，这类人的诘责不光会扼杀友谊，还会引发持久的敌意。“实际上，”西庇阿常常说，“威胁友谊的此类灾祸多不胜数，要想一一躲过，不光得有智慧，还得有运气才行。”

有了前面的这些铺垫，如果你们愿意的话，我们不妨先来考虑这样一个问题：友谊当中的私人交情，究竟应该在哪里止步？举例来说，假使科里厄兰努斯[32]有朋友的话，他那些朋友应不应该跟着他去侵略他的祖国？又比如说，维瑟利努斯[33]或斯珀利乌

32. 科里厄兰努斯（Coriolanus）为公元前五世纪的罗马将领，曾经遭到罗马人的放逐，由是带领敌国军队围攻罗马。

33. 维瑟利努斯（Viscellinus）即前文中的“斯珀利乌斯·卡西乌斯”。

斯·马埃柳斯的朋友，应不应该帮助他们谋取专制王权？我这里有两个例子，分别代表两种不同的选择。正如我们亲眼所见，提贝里乌斯·格拉古[34]试图推行改革的时候，他的朋友昆图斯·图贝罗[35]，还有他那些地位与他相当的朋友，全部都离他而去，与此同时，西弗拉，你自个儿家的一个朋友，也就是库麦的盖尤斯·布罗修斯[36]，采取的却是一条不同的路线。审判格拉古那帮阴谋分子的时候，我为执政官拉埃纳斯和卢皮柳斯[37]担任顾问，布罗修斯请求我高抬贵手，理由是他太过敬重格拉古，所以才把格拉古的吩咐奉为金科玉律。于是我问他："他叫你去朱庇特神庙[38]放火，你也会去吗？"他回答说："他绝不会叫我去干这种事情。"我又问："是吗，万一他叫你去呢？""那我就会去。"他这句话有多邪恶，压根儿用不着细说。事实上他说到做到，行为比言辞还要邪恶，因

34. 提贝里乌斯·格拉古（Tiberius Gracchus，前169？—前133）为出身贵族的古罗马平民派政客，曾试图推行有利于平民的土地改革，由此被贵族派杀死。

35. 昆图斯·图贝罗（Quintus Tubero）为公元前二世纪的罗马政客及哲学家，小西庇阿的外甥，西塞罗对他评价很高。

36. 盖尤斯·布罗修斯（Gaius Blossius）为公元前二世纪的罗马政客及哲学家，曾因支持格拉古改革而受审，获释后去亚细亚参加了反抗罗马的暴动，暴动失败后自杀。库麦（Cumae）为古罗马城市，位于意大利半岛西南部。

37. 拉埃纳斯（Publius Popillius Laenas）和卢皮柳斯（Publius Rupilius）是公元前132年的执政官。

38. 朱庇特神庙是古罗马最重要的神庙，位于罗马城中的卡比托利欧山（Capitoline Hill）。

为他不是奉命参与了格拉古的猖狂勾当，而是那些勾当的主谋，不是为格拉古的疯癫行径提供了支持，而是那些行径的引领者。他这么执迷不悟，结果是被为他专设的法庭吓破了胆，逃到亚细亚去投靠敌人，最终为他的叛国行径付出了应有的沉重代价。所以我断言，帮助朋友绝不是为非作歹的理由，因为友谊源自对美德的信赖，美德若是遭到抛弃，友谊也就无法存续。如果我们认定，朋友之间什么要求都可以答应，什么要求都可以提，双方就都得具备完满的智慧，这样才能避免恶行。只可惜我们保证不了这样的完满智慧，因为我们谈论的仅仅是平常碰得到的朋友，范围不超出我们的耳闻目见，换句话说就是日常生活里的凡人。我得从这种人里面挑选例证，尽量挑一些离我们的智慧标准最近的人。比如说，我们从书里读到，帕普斯·埃米柳斯是盖尤斯·法布里修斯的密友，历史又告诉我们，他们曾两次携手执政，还曾经同时担任监察官。[39]另据相关记载，曼尼乌斯·丘利乌斯和提贝里乌斯·克朗卡尼乌斯与前述二人知交莫逆，彼此之间也是如此。好了，我们根本不可能设想，这四个人当中有哪一个会提出无理的请求，叫朋友去做有伤清誉、有违誓约或有损国家利益的事情。无需赘言的是，他们中即便有人提出了这种请求，其余三人也不会接受，因为他们都拥有最虔诚的信仰，对他们来说，提出这种请求就意味着违反宗教戒律，后果跟接受这种请求一样严重。与此相反，盖尤斯·卡博和盖尤斯·加图确实充当了格拉古的跟班，格拉古的弟弟盖尤斯·格拉古当时虽然没有入伙，眼下却成了兄长最狂热的拥趸。[40]

既然如此，我们不妨为友谊制订这样一条准则：不教唆朋友作恶，也不听朋友的教

39.帕普斯·埃米柳斯（Papus Aemilius）为古罗马政客及将领，于公元前282年及278年与法布里修斯同任执政官，并于公元前275年与法布里修斯同任监察官。

40.盖尤斯·卡博（Gaius Carbo）为古罗马政客及演说家，一度支持格拉古的改革，后来转投贵族派的阵营，公元前120年任执政官；盖尤斯·加图（Gaius Cato）是老加图的孙子，加图·利希年纳斯的儿子，公元前114年任执政官；盖尤斯·格拉古（Gaius Gracchus，前154—前121）在兄长死后继续推行改革，由此被贵族派迫害致死。

唆。原因在于，“为了友谊”是一句可鄙的托词，绝不能换来分毫谅解。这条准则适用于一切恶行，尤其是叛国之类的大恶。要知道，亲爱的凡尼乌斯和西弗拉啊，眼前的形势已经十分严峻，我们不能不早做打算，以便阻止即将到来的国难。我们的政体，已经多多少少偏离正常的轨道，越出了先辈划定的界限。格拉古试图获得帝王般的权力，要我说的话，他还确实过了几个月当皇帝的瘾。从前的日子里，罗马的民众听过这样的事情、见过这样的事情吗？哪怕是在格拉古本人死去之后，他那些朋友和党羽依然在继续逞凶，对普布柳斯·西庇阿[41]下了毒手，后者的遭遇，我说起来就忍不住伤心落泪。至于说卡博，幸亏格拉古刚刚受到了惩罚，我们千方百计顶住了他的攻击，可要是盖尤斯·格拉古当上了保民官的话，后果我连想都不愿意想。[42]这些事情一环套一环，国运

41.这里的“普布柳斯·西庇阿”应指公元前138年任执政官的普布柳斯·西庇阿·瑟拉皮奥（Publius Cornelius Scipio Nasica Serapio，前183？一前132）。此人是杀害格拉古的元凶，由此招致猛烈声讨，被迫逃往亚细亚，不久之后死去，据说是被格拉古的支持者杀死的。

42.卡博在公元前131年任保民官，继续推行格拉古的改革。盖尤斯·格拉古在公元前123年及前122年连任保民官，时间在拉埃柳斯这次谈话之后。

一旦走上了下坡路，速度总是越来越快。就拿选举制度来说吧，先是有了《卡比尼乌斯法》，两年后又有了《卡西乌斯法》[43]，对国家造成了多么沉重的打击！我仿佛看到，民众已经把元老院晾在一边，国家大事落入了乌合之众的掌握。原因在于，你们只管相信，学会策动这些事情的人，将会比学会制止的人要多。

我为什么要提起这些事情呢？原因在于，没有朋友帮忙的话，谁也不会去尝试这一类的事情。有鉴于此，我们必须提醒正义的人们，万一你们覆水难收地跟这类人交上了朋友，千万别觉得自己负有任何义务，非得跟叛国的朋友站在一起。必须用近在眼前的惩罚来震慑歹人，无论从犯主谋，一律严惩不贷。希腊有哪个人比狄米斯托克里[44]名头更响、权力更大呢？他曾经率领希腊军队，在希波战争中解救了希腊。他把自己的

43.《卡比尼乌斯法》（*lex Gabinia*）是公元前139年的保民官卡比尼乌斯（Aulus Gabinius）推出的法律，《卡西乌斯法》（*lex Cassia*）是公元前137年的保民官卡西乌斯（Lucius Cassius Longinus Ravilla）推出的法律，两项法律都扩大了平民的选举权。

44.狄米斯托克里（Themistocles，前524？—前459）为雅典政客及将领，曾任雅典执政官，率领雅典人击败波斯侵略军，晚年被迫流亡波斯，为曾经的敌人波斯王效力。古希腊史家修昔底德（Thucydides，前460？—前395？）说狄米斯托克里是自然死亡，古希腊史家普鲁塔克（Plutarch，46？—120？）说他是服毒自杀。

流亡归结为他人的妒忌，可他没有拿出应有的风度，坦然承受忘恩负义的祖国给他的不公待遇，反倒采取了我国的科里厄兰努斯在他之前二十年的做法。[45]不过，没有人肯帮助他们攻打他们的祖国，到头来，两人都是以自杀告终。[46]

由此可知，面对这种歹人结成的联盟，我们不但不能容许它拿友谊来充当挡箭牌，还应该对它施加最严厉的惩罚，免得大家认为，只要是为了对得住朋友，甚至可以跟自己的祖国开战。但是，从眼下的种种兆头来看，我觉得迟早会有这样的事情，而我不光关心我国政体的现状，对我身后的国运也是同样关心。

既然如此，我们不妨为友谊订立这样一条首要戒律：**请朋友帮忙只限为善，帮朋友的忙也只限为善。**其实我们为善，不应该等朋友来请，应该始终怀着迫不及待的热心，

45. 狄米斯托克里于公元前471年左右遭到放逐，科里厄兰努斯与罗马为敌是公元前491年的事情。

46. 普鲁塔克说科里厄兰努斯死于谋杀，古罗马史家李维（Livy，前64？—17）说他是自然死亡。

没有一丝一毫的迟疑。我们要拥有直言劝谏的勇气。与朋友交往的时候，要把能进忠言的朋友摆在首位，使他们不但可以直言不讳，必要时还可以出言尖刻，一旦他们提出忠告，就应该从善如流。

我向你们介绍这些准则，是因为据我所知，有些人持有一些匪夷所思的见解，而且我听说，这些人还在希腊享有睿智的美名。顺便说一句，这些人个个都精于诡辩，世上没有他们讲不出的道理。好了，他们中的一些人说，我们应当谢绝太过亲密的友谊，怕的是一个人要操几个人的心。他们说，每个人应付自个儿的事情就已经手忙脚乱，再要替别人分忧的话，简直是苦恼之极。最聪明的做法是尽可能松地牵着友谊的缰绳，这样才可以收放自如，因为无忧无虑是人生幸福的第一要义，可要是人的心灵，这么说吧，必须为别人的事情劳神费力，那它就不可能无忧无虑。我还听说，他们中的另一派发表了一些更加小器的见解。这些人的观点，刚才我也曾约略提及。他们坚称，结交朋友只应该为了获取帮助，绝不该牵扯情意与好感，所以说一个人越是无法自立，便越是急于求得友谊，由此可知，弱女子对朋友扶持的渴望甚于男子，穷人甚于富人，不幸者又甚于那些公认的幸运儿。他们的哲学可真是高尚！从生活中剔除友谊，无异于从天空里剔除太阳，因为永生众神赐予我们的恩典，再没有哪样比友谊更美好，更使人欣喜欢畅。

不过，我们不妨分析一下前述的两种学说。他们说的这种“无忧无虑”，到底有什么价值呢？乍一看，这东西似乎十分诱人，但从实践上看，很多时候我们只能对它敬而远之。要知道，道义要求我们去做的种种事情，去采取的种种行动，哪一样也不允许我们拒不履行，或者是半途而废，如果我们并没有别的难处，仅仅是为了逃避忧虑。岂止如此，我们若是想逃避忧虑，那就得逃避美德本身，原因是美德厌憎那些与之相反的品质，比如说仁慈厌憎暴戾、自制厌憎放纵、勇敢厌憎怯懦，诸如此类的厌憎，难免会使人心生忧虑。既然如此，你们应该能注意到，正义者是最为不义之举痛心的人，勇敢者是最为怯懦之举痛心的人，自制者则是最为放纵之举痛心的人。由此可知，见善则喜，嫉恶如仇，恰恰是心智健全的人必有的特质。所以说，智者也摆脱不了烦忧的困扰，除非我们假定他们已经彻底摈弃人类的情感，既然如此，我们又何必害怕友谊带来的些许烦忧，以至于将友谊赶出我们的生活呢？依我看，人要是没了感情，且不说跟动物还有没有区别，就是跟木石之类的冥顽事物相比，又能有什么区别呢？

还有一种学说，我们也万万不能听信，亦即美德好似铁板一块，是一种僵硬无情的东西。究其实，在友谊这件事情上，跟在其他许多事情上一样，美德表现得十分柔软，十分善解人意，以至于我们可以说，它会随朋友的成功而扩张，又会随朋友的挫败而收缩。由此可见，我们虽然经常为朋友承受精神上的痛苦，但这并不足以使我们把友谊赶出自己的生活，正如四大美德[47]虽然会带来种种焦虑和苦恼，但我们也不能捐弃它们。

既然如此，容我再次重申：美德的清晰表征，自然而然地吸引品格相近的人，这便是友谊的开端，此种情形一旦出现，必定会催发爱慕之心。原因在于，光知道喜欢诸多冥顽不灵之物，比如说官职、声名、华厦和衣饰，但却不喜欢或不甚喜欢具备美德的万物之灵，尽管后者懂得爱，用我的话来说则

47. 古代西方学者所称的四大美德（the cardinal virtues）是智慧、勇气、节制和公正。

是懂得“回爱”[48]，世间还能有比这更荒唐的事情吗？要知道，世间真的没有什么事物，能比收获回爱和互爱互助更令人愉悦。如果我们再补上一个理应补上的前提条件，也就是说，任何事物吸引其他事物的力量，都比不上相近的品格对友谊的吸引力，那就可以立刻推定，好人必然惺惺相惜，必然相伴相随，仿佛是被血缘和自然撮合到了一起，因为自然比其他任何事物都更加渴望，确切说是更加贪求，与自身相似的事物。由此可见，亲爱的凡尼乌斯和西弗拉啊，我们完全可以认定这样的一个道理，视之为确定不移的事实，也就是说，好人与好人之间必定有一种仿佛出于必需的友爱，这一种友爱，正是自然安排的友谊源泉。不过，同一种友爱也会泽及普罗大众，因为美德并不是一种冷酷自私的排他品质。美德甚至会庇护一个民族的全体成员，为他们谋求最大的福祉，它要是

48. 据本文英译者之一皮博迪所说，“回爱”的拉丁原文“*redamare*”是西塞罗自造的词汇。

蔑视对于普罗大众的任何关爱，那就肯定不会这么做。

另一方面，以我之见，人若是信奉“友谊只为谋利”的论调，无异于摧毁友谊链条当中最迷人的一环。原因在于，使人愉悦的更多是朋友献出的热忱，而不是朋友带来的实利，朋友的帮助必须出自诚挚的友爱，才能使我们衷心感戴。要说人们是因为贫乏才寻求友谊，实可谓大错特错，原因是一般而言，最慷慨最仁善的人，恰恰是那些最富于资财、最富于美德（这一点尤为重要，因为归根结底，美德才是一个人最稳固的支柱）、最不需要他人帮助的人。实在说来，我倒是觉得，朋友应该时不时地碰上一些需要帮助的情形。举例来说，如果西庇阿从来都不需要我的建议或协助，不管是在国内还是国外，那我哪能有机会聊表寸心呢？由此可见，并不是物质利益带来了友谊，而是友谊带来了物质利益。

因此，我们切不可听信这些巧言学究的友谊宏论，无论是从理论上说还是从实践上说，他们都对友谊一无所知。要知道，老天在上，纵然可以拥有甲于天下的财富，条件却是不爱任何人，也不为任何人所爱，这样的生活，有谁会愿意过呢？而这恰恰是暴君不得不过的生活。不用说，他们指望不上任何忠诚，指望不上任何友爱，永远也无法信赖任何人的善意。对他们来说，一切都是猜疑与焦虑，友谊根本无从谈起。谁会爱一个他害怕的人，或者是一个他明知道害怕他的人呢？尽管如此，他们还是能得到大献殷勤的友谊表演，当然也只是在他们顺风顺水的时候。一旦他们失势倒台，迎来暴君通常会有的结局，马上就会恍然大悟，自己是多么地众叛亲离。听人说，身遭放逐的塔尔昆曾经慨叹："直到我无法报答也无力报复的时候，我才看清了身边朋友的真假。”只不过在我看来，真正叫人吃惊的是，像他这么专横傲慢的人，居然也会有朋友。他的人品决定了他交不到真正的朋友，而那些格外富有的人，往往也会落入跟他一样的处境。正是他们的财富阻止了真诚的友谊，因为幸运女神不光是自己眼瞎，通常还会把得到她恩宠的人变成瞎子。[49]这么说吧，他们总是自高自大，刚愎自用，完完全全忘乎所以，世上再没有什么东西，能比鸿运当头的蠢材更让人忍无可忍。我们经常看到这样的情形，原本谦和有礼的人一旦有了权势，马上就变得面目全非，光知道巴结新交，对旧友不屑一顾。

好了，有的人拥有成功、财富和权势所能带来的一切机会，居然只知道收罗钱能买来的各种物品，收罗马匹、奴仆、华贵装饰和昂贵器皿之类的东西，而不知道收

49.古罗马神话中的幸运女神（Fortune）常常被描绘为盲眼的妇人，寓意之一是她不辨贤愚，往往使得恶人走运，善人遭殃。

罗朋友，收罗这种——容我打个不恰当的比方——最贵重、最美好的人生“家当”，世间还能有比这更愚蠢的事情吗？收罗物品的时候，他们根本不知道这些物品将来会归谁享用，也不知道自己是在为谁忙活，因为这些物品，终究会悉数落入强梁之手，与此相反，友谊却是各人的专属，长长久久，不可攘夺。从某种意义上说，物质财富不过是幸运女神的赏赐，就算事实证明它们能够持久，若是缺少了朋友的抚慰和陪伴，人生也绝无欢乐可言。

接下来，我想谈谈这个话题的另一个分支。现在我们要做的事情，是设法确定友谊该有个什么限度，换句话说，什么是我们的友爱不该逾越的边界。据我所知，人们对这个问题有三种看法：其一，**我们应该爱友恰如爱己，不能更进一步**；其二，**我们对朋友的爱，应该与朋友对我们的爱一一对应，完**

全相等；其三，**我们对朋友的评价，应该与朋友的自我评价完全一致**。这几种看法，我一种也不赞同。第一种看法意味着我们要把待己之道用作待友之道的尺度，但这并不符合情理，原因在于，有些事情我们永远不会为自己去做，却会为朋友去做，这样的事情何其众多！有时我们折腰请求下贱之人，以至于低三下四，有时又口出过分尖刻的詈骂，过分猛烈的抨击。这些行为若是为了我们自己的利益，只能说毫无可取之处，但若是为了朋友的利益，却可以说十分可取。此外，面对许许多多的好处，正人君子还会心甘情愿地选择放弃，或者是任人剥夺，好让朋友得到享受这些好处的机会。

第二种看法把友谊限定为一种助益和感情的等量交换，由此把友谊贬低为一个锱铢必较、抠抠唆唆的数字问题，就跟友谊的目标是维持分毫不差的收支平衡似的。依我看，真正的友谊会比这种账簿交情阔绰一些，大方一些，绝不会斤斤计较，唯恐入不敷出。在这种事情上，我们不应该成天担心给得多了形成浪费，或者是溢出我们的量杯，也不该盘算我们为友谊的付出，有没有超出合理的限度。

不过，最有害的标准还得说是最后一种，亦即把朋友的自我评价作为我们评价朋友的尺度。屡见不鲜的情形是，某个人太过自卑，或是对自己改善命运的机会太过绝望。遇上这样的情形，朋友就不应该采纳他的自我评价，而应该竭尽全力，鼓舞他萎靡的精神，引导他拥抱欢欣的希望和乐观的思想。

既然如此，我们必须为友谊另行设限。不过我得先说说另一种见解，这种见解经常招致西庇阿最严厉的驳斥。西庇阿总是说，言论与友谊的真谛最水火不容的人，莫过于以下这句格言的始作俑者："爱朋友时须当谨记，朋友或有反目之时。"有人把这句话记在名列"七贤"的毕阿斯名下[50]，西庇阿无论如何也不相信，原因是这样的见解，必然出自某个居心叵测的人，或是某个私欲膨胀的人，又或是某个把一切视为垫脚石的人。如果你觉得某个人有可能成为你的敌人，怎么可能跟这个人成为朋友呢？不是吗，人要是存着这样的心思，那就得盼着朋友犯错，而且越多越好，好让自己抓到尽可能多的把柄，反过来，要是看到朋友的义举或好运，那就得生气着恼，妒火中烧。所以说，这句格言不管出自何人之口，总之会使友谊彻底毁灭。友谊的真正法则是慎加选择，只跟自己永远不可能憎恨的人做朋友。按照西庇阿的看法，即便我们看走了眼，那也得勉力维系已有的友情，绝不能去打伺机绝交的算盘。

50."七贤"及毕阿斯见前文注释。把这句话记在毕阿斯名下是古希腊大哲亚里士多德（Aristotle，前384—前322）的说法，见亚里士多德《修辞学》（*Rhetoric*）第二卷。

友谊真正该有的限度是：双方的品格都必须保持一尘不染。双方的兴趣、意图和目标必须完全一致，不能有任何例外。在此基础上，假使朋友为了攸关性命或名誉的事情找我们帮忙，哪怕其请求算不上完全正当，我们还是应该权且偏离正道，为朋友稍作妥协，前提是不至于彻底破坏纲常。面对友谊，我们总归得有所容让。另一方面，我们绝不能完全不顾自己的名誉，也不能轻视其他公民的好评，认为这只是一件对我们的人生事业无足轻重的武器，虽然说拿阿谀奉承和花言巧语去换好评，也是一种十分卑劣的行为。我们切不可捐弃美德，因为美德才是受人敬爱的保障。

好了，我们还是回头来说西庇阿吧，因为他才是我这番友谊讲论唯一的作者。西庇阿总是跟我埋怨，人们对任何事情都不像对友谊这么马虎，每个人都知道自己家山羊绵羊的准确数目，却不知自己究竟有几个朋友，买羊的时候知道千挑万选，择友的时候却完全漫不经心，这么说吧，也没有什么标准来判断对方合适与否，不像买羊还懂得看看斑点毛色。说起来，挑选朋友的时候，我们应该着眼于坚定、稳健、忠贞不渝的品质。具备这些品质的人，可说是少之又少，而这些品质的成色，不经检验也很难判断。话又说回来，这方面的检验只有在友谊存续期间才能进行，以至于友谊往往形成于判断之先，不允许我们提前检验。既然如此，我们就应该谨慎起见，像控扼辕马一样控扼爱慕的冲动。选择辕马有一个试用的过程，交友也应该照此办理，通过某种试行的友谊来检验朋友的品格。我们时常可以看见，面对锱铢小利，有些人便把不堪信任的劣性暴露无遗，有些人虽然经受住了小利的考验，却又在大利的诱惑之下露出原形。就算是重友轻财的人并不难找，可那些把友谊看得比官衔地位、文阶武职和政治权势还重的人，不会为这些东西轻易割舍友谊的人，我们又该到哪里去找呢？贪恋政治权势是人的天性，即便要为此付出牺牲友谊的代价，人们也往往觉得，相较于如此巨大的报偿，背叛朋友不过是小事一桩。政坛与官场很难见到真正的友谊，原因就在这个地方。哪有人愿意把升迁的机会让给朋友呢？更不用说，你们不妨想想，分担别人的政治厄运，对大多数人来说是一个多么沉重、多么难以负荷的包袱，有勇气挺身承当的人，实可谓世上难寻。恩尼乌斯说过，“患难见真情”，这句话虽然不错，大多数人却还是脱不了两种习气，一是在自己得意时小看朋友，二是在朋友落难时抛弃朋友，由此暴露自己的不堪信任和有始无终。有鉴于此，要是有人能在前述两种情形之下表现出坚定不移、忠诚不变的友谊，我们就应当据此断言，此人属于世上最难得的一种类型，简直与超人无异。

好了，要保证友谊稳固持久，我们该寻求什么品质呢？我们要寻求的是忠诚。若是缺少忠诚，任何友谊都不可能稳固。择友之时，我们还应该寻求坦率直爽、易于相处的性情，寻找宅心仁厚、与我们气味相投的人，这些因素都有助于维系忠诚。一个人若是城府渊深，拐弯抹角，便决计不可信任。除此而外，说实在话，一个人若是天性凉薄，对感召我们的事物无动于衷，那也就不可能值得信赖，不可能坚定不移。我们不妨再补充一点，也就是说，理想的结交对象不光是自己不能以指责我们为乐，而且不能听信别人对我们的指责。所有这些条件，都有助于形成我着力强调的坚贞品质。由此而来的结论呢，就跟我刚开始说的一样，友谊只能存在于好人之间。

说到好人（我说的好人，也可以视同智者）的待友之道，其中必然包含两个一以贯之的特征。其一，他不会有一丝一毫的虚情假意，因为真诚的人更愿意公开表达自己的情感，哪怕是厌憎之情，绝不愿刻意掩饰。其二，他不光会拒斥他人对朋友的一切指责，自己也不会猜疑朋友，更不会成天觉得朋友这也不是那也不是。此外，他的言谈举止应该和悦可人，这样就可以为友谊增添不少情趣。阴沉古板的性情和一成不变的严肃，兴许是十分令人敬畏，友谊却应该稍假辞色，多一点儿宽容与温煦，乐于表露各式各样的善意和热心。

说到这里，我们就碰上了一个小小的问题。假使我们有了值得结识的新交，那么，有没有什么情况能构成充足的理由，使我们可以喜欢新交胜于旧友，像喜欢小马胜于老马那样呢？这个问题的答案，根本容不得任何置疑，因为我们绝不能像对其他事物那样，对友谊产生餍足之感。朋友好比佳酿，越陈越香。常言说得好："两人得一起吃过许多罐盐，才能够结为生死之交。"[51] 当然，新鲜也有新鲜的好处，我们不应该不屑一顾。新鲜的友谊好比青青的秧苗，总是蕴含着收获的希望。只不过，老朋友也应该得到相应的敬重，更何况实在说来，时间和习惯会对人产生非常大的影响。就用我刚才说到的马儿来打比方吧，在其他条件相当的情况下，所有人都喜欢骑自己骑惯了的马，不愿意去骑没骑过的新马。这个规律不光适用于活物，也适用于没有生命的东西，因为我们都喜欢自己长年生活的地方，哪怕那地方山多地少，乱木丛生。另一方面，友谊还有一条黄金准则，那就是**与朋友平等相处**。要知道，朋友之间常常会有高下之分，比如说，在我所说的"我们这伙人"当中，西庇阿就

51. 类似的说法见于亚里士多德《欧德谟伦理学》（*Eudemian Ethics*）第七卷。

比其他人都了不起。可他从来不曾摆出居高临下的架势，不管是对斐卢斯、卢皮柳斯和穆米乌斯[52]，还是对那些地位比较低的朋友。举例来说，他总是对昆图斯·马克西穆斯[53]毕恭毕敬，因为马克西穆斯是他的兄长，而马克西穆斯虽然也是个无可置疑的杰出人物，但却根本不能与他相提并论。而且他总是希望，他所有的朋友都可以受益于他的帮助。他这个榜样，我们大家都应该努力效仿。但凡我们在品性、才智或资财方面有什么过人之处，那就应当乐于分享，让朋友们同受其惠。比如说，如果朋友出身寒门，只有一些又没本事又没钱的亲戚，我们就应当伸出援手，帮助朋友提高地位，过上更体面的生活。你们都知道那些神话故事，故事里的孩子不知道自己的父母和身世，得到的养育跟奴婢家的孩子无异，最后他们认祖归宗，知道了自己是神祇或君王的儿子，但却依然对

52. 斐卢斯及卢皮柳斯见前文注释，穆米乌斯（Spurius Mummius）为古罗马将领及作家。

53. 昆图斯·马克西穆斯（Quintus Fabius Maximus Aemilianus）为古罗马政客，公元前145年任执政官。

养育自己的牧人满怀敬爱，因为多年之中，他们一直以为牧人是自己的父母。对错认的父母尚且如此，对于名分无疑的亲生父母，当然就更该如此。要知道，过人的才智与德行，概言之是任何方面的过人之处，如果不与至亲至近的人分享，便无法实现它全部的价值。

不过，我们也不能忽略这个问题的反面，因为在友谊和亲情当中，正如得天独厚者必须与时运不济者平等相处，时运不济者也不该生气着恼，恨自己的才智、资财或地位不如别人。然而，时运不济者大多只知道怨天尤人，或者是没完没了地数说自己的功劳，尤其是在他们认为自己尽心费力、为朋友做了一点儿事情的时候。有所付出就成天挂在嘴边的人，着实招人讨厌。受人恩惠，应当铭记在心，予人恩惠，却应当绝口不提。由此可见，在朋友交往当中，在上者不仅应该放低自己的身段，从某种意义上说还应该努力提高在下者的地位，原因在于，有些人之所以跟朋友闹别扭，恰恰是因为他们觉得朋友小看了自己。一般而言，只有那些自惭形秽的人才会有这样的表现，而朋友应当努力消除他们的自卑，不光要用言语，而且要用行动。话又说回来，对朋友的关照和帮助也得有个适当的限度，首先要看你自己的施与能力，其次要看对方的承受能力，原因在于，不管你拥有多高的威望，终归不可能把所有的朋友全部送上最显要的官位。举例来说，西庇阿让普布柳斯·卢皮柳斯当上了执政官，但却没能让卢皮柳斯的弟弟卢修斯得到同样的职位。另一方面，就算你有能力随心所欲，把任何人提拔到任何职位，那也得慎重考虑，不能让职位超出对方的能力。

一般而言，我们应该先等到品格定型的

成熟之年，然后再决定友谊方面的事情。比如说，有些人少年时喜欢狩猎或打球，结交了一些爱好相同的好伙伴，但他们绝不能就此认定，这些伙伴个个都是可靠的朋友。要是依照这种标准，只论相处时间是长是短的话，最有资格得到我们挚爱的人，就该是保姆和伴读的奴隶。我倒不是说，我们可以对这些人置之不理，只不过我们对这些人的感情，跟友谊并不是一回事。只有成熟的友谊，才可能恒久不变，因为品格的歧异会导致旨趣的歧异，旨趣的歧异又会导致关系的疏远。举例来说，好人不跟坏人交朋友，坏人也不跟好人交朋友，唯一的原因就是品格和旨趣不同，差别大得无以复加。

另有一条值得记取的友谊准则，也就是说，别用你的妇人之仁去拖累朋友的宏图大业。这样的事情屡见不鲜，我还是再举个神话里的例子，利科墨德斯对纽普托勒姆斯有养育之恩，声泪俱下地劝纽普托勒姆斯不要参战，可纽普托勒姆斯要是听了利科墨德斯的话，那就永远也不可能攻下特洛伊城。[54]除此而外，紧要的事务迫使朋友们劳燕分飞，也是生活中常有的情形，有的人却觉得自己受不了分离之苦，竭力阻挠朋友离去，这样的人都是软弱的娘娘腔，光看这一点就算不上够格的朋友。你理当寄予朋友的期望，还有你理当满足的朋友期望，当然都有各自的限度，处理任何事务的时候，你都应该把这些限度纳入考虑的范围。

还应该注意的是，世上有一种可以称为灾难的遭际，也就是不得不与朋友分道扬镳。这样的灾难，有时可说是不可避免，因为我们的讨论进行到这里，对象已经不再是智者之间的挚爱，而变成了常人之间的友谊。有时候，某个人做下了伤害朋友或外人的邪恶勾当，骂名却落到了朋友头上。遇上

54. 纽普托勒姆斯（Neoptolemus）是特洛伊战争中希腊联军第一勇士阿喀琉斯（Achilles）的儿子，当时有预言说，他参战是希腊联军攻下特洛伊城的前提条件之一。他的外祖父利科墨德斯（Lycomedes）劝他不要参战，但他坚持参战，最终帮助希腊联军攻下特洛伊城，成就了一番事业。

这样的情况，合理的做法是断绝来往，任由友谊逐渐消亡。对待这样的友谊，应该奉行我从别人那里听来的一句加图名言，“要给它慢慢拆线，用不着一撕两半”，除非对方的恶行实在是太过令人发指，以致你不得不立刻与对方划清界限，要不然就有伤礼义廉耻。除此之外，如果品格和旨趣发生了世上常有的改变，或者是党争导致了情感的隔膜（刚才我已经说了，现在我谈的不再是智者的友谊，而是常人的友谊），而我们的打算仅仅是放弃这段友谊，那我们就必须小心行事，不能表现得像是与对方势不两立，因为这世上最不光彩的事情，莫过于与往日的密友公然开战。你们都知道，西庇阿曾为我放弃了与昆图斯·庞培乌斯的友谊，还曾因政见不同疏远了我的同僚米提卢斯[55]。他对这两件事情的处理，都可以称得上温和得体，让人们觉得他确实受了冒犯，但却并没有

55. 这里的昆图斯·庞培乌斯（Quintus Pompeius）是前文中那个昆图斯·庞培乌斯的祖父，于公元前141年当选执政官，之前曾伪称自己不参选，使竞争对手拉埃柳斯放松警惕，借此取而代之；米提卢斯（Quintus Caecilius Metellus Macedonicus，前210？—前116/115）为古罗马政客及将领，公元前143年任执政官。拉埃柳斯称米提卢斯为同僚，是因为他们两人都是占兆师。

怀恨在心。

由此可见，我们的首要目标应该是防止朋友之间出现裂痕，其次则是在裂痕出现之时稳妥行事，使我们的友谊看起来像是寿终正寝，而不是死于非命。这之后，我们还应该多加留意，以免曾经的友谊变成不解的仇怨，衍生各式各样的口角、谩骂和怒斥。不过，后面这些东西只要不超出忍耐的合理限度，我们还是应该多多担待，并且看在往日友情的分上，判定理亏的是出口伤人的一方，而不是承受伤害的一方。一般说来，要想避免这一类的闪失和麻烦，唯一的办法是审慎择友，不要草率托付我们的友爱，更不要把友爱托付给不值得结交的人。

好了，我所说的“值得结交”，意思是一个人不假外物，本身就具备使人向慕的品质。这样的人十分少见，实在说来，所有的完美事物都是如此，世上最难找的东西，莫过于一类事物的完美样板。然而，大多数人不光把有利可图的东西视为人生中唯一的美好事物，还把自己的朋友看成蓄养的牲畜，谁有希望带来最大的利润，就把谁摆在首位。可想而知，他们永远也得不到那种最美好最自发的友谊。要想求得那样的友谊，你只能以友谊本身为唯一的目标，不能掺杂其他的任何企图。除此而外，对于友谊的性质和力量，他们也不会有切身的体会。原因在于，人人都爱自己，不是因为这种爱能带来什么好处，而是因为人天生与自己相爱相亲，不需要其他任何理由。但是，人若是不能把这种爱延伸到另一个人身上，便永远无法知道，什么叫做真正的朋友，因为真正的朋友，可说是人的第二个自我。可我们都看得见，所有的动物，不管是天上飞的、海里游的还是地上走的，也不管是野生的还是家养的，全部都具备这样的两种本能，一是爱自己，这实际上是所有活物的天性，二是向慕同类，企盼与同类相守不离。既然前述的自然现象都伴有强烈的渴望，伴有某种近似于人类之爱的情愫，那么，由人性法则决定的人间友爱，岂不应该百倍于此？因为人不光会爱自己，还会去寻求能与自己灵魂交融、几近两心合一的友伴。

然而，大多数人可说是不可理喻，更不用说还厚颜无耻，不光要求朋友达到自己达不到的标准，还指望从朋友那里得到自己不肯给的东西。公平的做法，应该是自己先成为好人，然后再去寻找同道。要保障我们一直在谈的恒久友谊，双方都必须成为这样的一种人，也就是说，双方因彼此爱慕走到一起之后，首先学会了控制那些奴役其他人的欲念，其次又学会了急公好义，为对方分忧解愁，绝不向对方提出伤廉败德的要求，不仅互助互爱，而且相互尊重。我特意强调“尊重”，是因为一旦缺少尊重，友谊就丧失了它最璀璨的明珠。由此可见，有些人以为友谊是放纵和罪孽的许可证，实在是大错特错。大自然赐予我们友谊，是让它充任美德的仆从，不是让它充当罪恶的帮凶，是考虑到孤立的美德力有不逮，所以才让美德与美德携起手来，合力达成最高的目标。那些正在享有、曾经享有或必将享有这种伙伴关系的人，绝对不啻于加入了一个最为强大、最有前途的同盟，可望借此企及大自然的至善。要我说，这种伙伴关系囊括了道义的完满、传扬的美名、内心的平静和人生的安宁，也就是人们向往的一切事物，因为人生有这些才算幸福，没有则是不幸。幸福既然是人生最美好也最崇高的目标，那么，为了实现这个目标，我们就必须致力于追求美德，因为若是没有美德，我们就得不到友谊，也得不到其他任何值得向往的事物。实际上，如果交朋友的时候忽略了美德，那些自以为有朋友的人，一旦在大祸临头之时被迫检验朋友的成色，马上就会恍然大悟，自己其实没有朋友。所以我必须一而再再而三地强调，托付友爱之前，必须慎加甄选，不可先定交情，尔后再作评判。我们在很多事情上吃了疏忽大意的亏，在选择朋友和培育友情的事情上尤其如此。我们把老话当作耳边风，总是把车子套在马的前面，马叫人偷了才关马厩的门，因为我们往往会因长时间的密切交往或互惠关系而缔结友谊，然后又因为突然出现的某种过节，忙不迭地断然绝交。

这样的疏忽大意尤其该受谴责，因为它妨害的是一件无比重要的事情。我之所以要说“无比重要”，是因为友谊是唯一的一种人人都认为大有裨益的事物。就连美德本身也不是这样，因为有许多人一说起美德就不屑一顾，仿佛它只是浮夸，或者是自我美化。财富也不是这样，许多人都蔑视财富，安守清贫，以粗衣恶食为乐。至于说有些人梦寐以求的高官显位——有多少人对它嗤之以鼻，视它为世上最空虚无聊的事物！

其他种种也是如此，在一些人眼里可羡可欲，在许多人看来却一钱不值。但要是说到友谊，人们的想法却可谓万众一心，所有的人，不管是投身政治的人，是以研究科学哲学为乐的人，是闭门清修不问世事的人，还是最后那种沉迷声色的人，只要还企盼自己的生活尚存些许高贵，要我说就必定会认为，没有友谊的生活不成其为生活。原因在于，友谊总是会以这样那样的方式，渗入我们所有人的生活，随便我们选择什么样的生活道路，都别想彻底摆脱它的影响。一个人尽可以乖戾孤僻，以至于对人际交往深恶痛绝，像我们听说过的雅典人泰门[56]那样，然而，哪怕是他这样的人，终归也得找个人来

56. 泰门（Timon）是古希腊时代的雅典居民，因饱尝世态炎凉而仇视人类。普鲁塔克在《希腊罗马名人传》（*Parallel Lives*）“安东尼传”（*The Life of Antony*）当中附带提到了泰门，说他生活在伯罗奔尼撒战争（前431—前404）前后，还说他虽然厌憎人类，但也有一个名为阿佩曼塔斯（Apemantus）的朋友，因为后者跟他一样乖戾。

充当听众，以便倾倒他满肚子的怨恨毒汁。要是能有某位神灵带我们远离人烟，把我们安置在某个完全与世隔绝的所在，然后又充分满足我们的一切嗜欲，只是彻底剥夺我们看见人类的机会，身处那样的情形之下，我们便最能体会友谊的不可或缺。试问有谁能心坚如铁，安然忍受那样的生活？身处孤独之中，谁能不丧失对一切乐事的兴趣？事实上，有句名言说的就是这个意思，这句名言应该是塔伦塔姆的阿奇塔斯[57]说的，到我这儿已经转了两次手，我是听我的长辈说的，他们又是听他们的长辈说的。这句名言是这样的："凡人即使能升入穹苍，将宇宙的自然秩序和天体之美尽收眼底，还是得不到丝毫的乐趣，话又说回来，只要他有机会向别人讲述自己看见的壮美奇景，便可以得到凡人所能想象的至大乐趣。"由此可见，人类确实有厌憎孤独的天性，总是需要这样那样

57. 阿奇塔斯（Archytas，前428—前347）为古希腊哲学家、数学家及天文学家，出生在"大希腊"的塔伦塔姆（Tarentum），即今日意大利南部海滨城市塔兰托（Taranto）。

的扶持与支撑，最可心的扶持与支撑，则莫过于我们最亲密的友人。

然而，天性虽然给了我们诸多提示，借此申明了它的希冀、欲求和渴望，我们却多少有些充耳不闻，不理会它的劝谕。朋友之间的交往多种多样，错综复杂，猜疑和不快的诱因难免会常常出现，面对此类诱因，智者有时选择置之不理，有时选择驱除化解，有时又选择大度包容。只有在朋友的切身利益和我们自己的真诚面临威胁的时候，我们才必须直面此类诱因，哪怕会由此造成不快。举例来说，我们常常有必要劝诫朋友，甚至是出言责备。劝诫和责备若是出于好意，本应得到朋友的欣然接纳，只可惜不知何故，我朋友特伦斯在《来自安德罗斯岛的姑娘》[58]当中说的那句话竟然不无道理：

奉承引来朋友，直言招致怨恨。

58. 特伦斯（Terence）即特伦提乌斯（Publius Terentius Afer，前195/185—前159？），古罗马剧作家。《来自安德罗斯岛的姑娘》（*Andria*）是特伦斯创作的喜剧。

直言若是造成了怨恨，便可以算做一种祸端，因为怨恨是戕害友谊的毒药。然而，奉承其实是更大的祸端，因为它纵容朋友的过失，必将使朋友一头栽进毁灭的深渊。不过，罪责最大的还是那个厌闻直言、任由恭维把自己推向毁灭的人。所以说，在这件事情上，我们自始至终都应该慎之又慎。劝诫朋友绝不能出言刻薄，责备朋友也不能语带轻侮。至于说“奉承”（因为我喜欢借用特伦斯的词汇），我们固然应该做到礼数周全，同时又必须远离那种成人之恶的令色巧言，因为此等行径连自由民的身份都配不上，更别说是朋友。跟暴君相处是一回事，跟朋友相处是另一回事。可是，如果有人塞住耳朵坚拒直言，连朋友的实话都听不得，那我们也只好死心，任由他自生自灭。加图说过许多句切中肯綮的至理名言，以下这句也是如此：“有些人应该感谢不共戴天的仇敌，有甚于感谢献媚讨好的朋友，因为前者还经常口吐真言，后者却从来不说实话。”此外还有一件咄咄怪事，也就是说，听到忠告的时候，人们该生的气不生，偏偏要生不该生的气，对自己的过错一点儿也不着恼，倒要为别人的责备大动肝火。实际上，他们应该把自己的心态颠倒过来，以行有过恶为耻，以得到匡正为幸。

既然如此，倘若我们可以断言，率直而不刻薄的进谏，以及耐心且无愠怒的纳谏，特别能彰显真正的友谊，那我们亦可断言，对友谊妨害最大的行为，莫过于溜须拍马、阿谀奉承和奴颜媚骨。我用了尽量多的说法来描述这种恶习，有此恶习的都是些不堪信任的轻薄小人，说话只为讨好卖乖，全不管事实如何。虚伪使我们一时之间难辨真假，对任何事情都是有害无益，但它对友谊的戕害尤为酷烈，因为它摧毁朋友之间的坦诚，而友谊若是缺少坦诚，便只是虚名而已。要知道，既然友谊的真谛在于二人同心，如果其中一人的心灵复杂多变，并不是单纯一贯，同心又何从谈起？如果一个人的态度不仅取决于另一个人的感受和期望，甚至取决于另一个人的面部神情和头部姿势，世上还有什么事物，能跟这个人的心灵一样动辄变形、一样摇摆不定？

别人说“不”，我也说“不”，
别人说“是”，我也说“是”，
总之我给自己，订了这条规矩，
别人说了什么，我便随声附和。

前面引的还是我老友特伦斯的话，可他这些话是借格纳索之口说的[59]，谁要是跟格纳索这种人结下任何交情，只能说是愚蠢的表征。然而，世上有许多跟格纳索一样的人，

59.前引文字出自特伦斯的喜剧《阉奴》（*Eunuchus*）。格纳索（Gnatho）是剧中的一个奴仆。

恰恰是因为他们在阶层、财富或名望方面优于格纳索，靠地位的分量弥补了品性的轻浮，他们的阿谀奉承才变得格外有害。但我们只要足够审慎，便不难辨别真心的友爱和假意的殷勤，恰如面对其他的任何事物，很容易就可以把仿冒的假货跟地道的真品区分开来。参加民众集会的都是些文化低得不能再低的粗人，可他们照样能分清好歹，看出谁只是甘言惑众的可疑分子，谁才是有原则有斤两的可靠人物。前些日子，盖尤斯·帕皮利乌斯就是用这种甜言蜜语来撩拨集会民众的耳朵，想兜售他那个允许保民官连选连任的法案。[60]我当即发表了反对的意见，不过我不想谈我自己，还是谈谈西庇阿吧。老天爷！他那天的讲话可真是惊天动地，气势如虹！听到他讲话的人，全都会毫不犹豫地说，他的确是罗马民众的领袖，绝不是他们当中的普通一员。[61]不过，你们当时也在

60. 盖尤斯·帕皮利乌斯（Gaius Papirius）即前文提及的卡博。按照古罗马法律的规定，担任公职的公民任期届满之后，必须间隔十年才能再次竞选同一职位。公元前131年，时任保民官的卡博提出了允许保民官连选连任的法案，意在长期占据这一职位。

61. 小西庇阿当时没有担任公职。

现场，再者说，如今你们手里都有他的讲稿。总而言之，结果是一个意在讨好民众的法案遭到了民众的投票否决。说到这里，我还得再讲讲我自己的经历。你们应该记得，在西庇阿的哥哥昆图斯·马克西穆斯和卢修斯·曼西纳斯[62]同任执政官的时候，盖尤斯·利希尼乌斯·克拉苏[63]提出的那个“关于祭司团成员选举”的法案，看起来是多么地深得民心，因为它要求各祭司团把补足自身缺额的权力转交民众。顺便说一句，正是这个克拉苏开创了面向广场对民众讲话的先例。[64]尽管如此，由于我站在保守派的立场进行了反驳，宗教还是轻而易举地击败了他那套似是而非的说辞。当时我只是副执政官，离我当选执政官还有整整五年，可见我的成功更多是因为理直气壮，并不是因为官高爵显。

好了，在舞台上，比如说在实质与舞台

62. 卢修斯·曼西纳斯（Lucius Mancinus）为古罗马政客及将领，公元前145年任执政官。

63. 盖尤斯·利希尼乌斯·克拉苏（Gaius Licinius Crassus）为古罗马政客，公元前145年任保民官。

64. 据普鲁塔克《希腊罗马名人传》“盖尤斯·格拉古传”（*The Life of Caius Gracchus*）所说，依照古罗马共和国的惯例，对民众发表讲话的人都是面向元老院所在的建筑（背向广场上的民众），以示尊重元老院的最高权威。但据该传记所说，第一个面向广场（亦即面向民众）发表讲话的是盖尤斯·格拉古。

无异的民众集会上，真相只要能得到透彻的阐释，展露在光大化日之下，最终就能够大获全胜，尽管在这类场合当中，纯属捏造或半真半假的东西拥有最为充足的用武之地。既然如此，在完全靠真诚维系的友朋交往当中，情形又当如何呢？朋友往还之时，用句俗话来说，双方都必须看得见对方的袒露胸怀，否则就无法相信或断定任何事情，是的，你甚至无法确信彼此之间的友爱，因为你拿不准它是否真诚。话又说回来，我前面说的这种阿谀奉承虽然十分有害，终归只能伤害那些乐于听信的人。以理可推，最喜欢听奉承话的人，必然是那些最自恋、最喜欢自我陶醉的人。我绝不否认，美德也有自爱的天性，因为她拥有自知之明，知道自己有多么值得爱。可我现在说的并不是绝对的美德，而是人们自以为拥有美德的那种执念。事实上，真正拥有美德的人，并不像希望博得有德之名的人那么多，后面这一类人，恰恰就是最喜欢听奉承话的人。一旦听到专为迎合他们虚荣心理的阿谀之辞，他们就会对这些信口开河的废话信以为真，认为这可以证明，自己确实有一些值得赞美的地方。由此可见，如果一方不爱听真话，另一方又喜欢说假话，这样的交情，只能说跟友谊完全不沾边。世上若没有自吹自擂的武夫，寄生虫的奴才相也就不会让我们觉得可笑，只剩下可悲了。武夫问“泰伊丝真的很感谢我吗？”寄生虫答个“很感谢”也就行了，可他非得说“万分感谢”。[65]奴颜婢膝的马屁精，总是会顺着受害者的喜好，使劲儿往大里说。所以说，虚伪的奉承虽然对那些爱听好话的人尤其有效，但那些性格较比坚强稳重的人也应该提高警惕，免得蒙蔽于伪装巧妙的奉承。除了彻头彻尾的傻子之外，谁都能一眼看穿赤裸裸的奉承，奸狡之徒的隐晦

65. 对话引自特伦斯的《阉奴》。这里的“武夫”是剧中的富裕军官瑟拉索（Thraso），“寄生虫”是瑟拉索的奴仆格纳索，泰伊丝（Thais）则是剧中的一个交际花。英文中“thrasonical”（自吹自擂的）一词即源自瑟拉索的名字。

谄媚，才是我们需要小心防备的东西。要想识破这一类的马屁精，绝不是一件容易的事情，因为他们往往用假意的反驳来掩饰奴性，用假装的争论来包裹奉承，最后才拱手认输，甘拜下风，使对方受骗上当，自以为高瞻远瞩。请问，世上还能有比上这种当更丢脸的事情吗？因此你必须格外留神，免得像《女继承人》[66]里的那个老头那样：

> 我叫人骗得真惨！全世界的任何一座舞台上，
> 任何一个口水滴答的老糊涂，都没上过我这种当。

要知道，哪怕是在舞台上，我们也见不到比短视轻信的老头更可耻的愚蠢典型。咳，不知道怎么搞的，我有点儿跑题了，说的已经不再是完人的友谊，或者说“智者”——我说的“智者”，当然也只拥有人性能够企及的那种“智慧”——的友谊，反倒说起了那

66.《女继承人》（*The Heiress*）是古罗马喜剧作家及诗人西西柳斯（Caecilius Statius，前220？—前166？）的作品。《女继承人》如今仅余残篇。

种庸俗浮浅的友谊。那么，我们还是回到原来的话题，给它做一个最后的总结吧。

好了，凡尼乌斯和西弗拉，容我把之前的话重复一遍。美德，正是美德，既是友谊的缔造者，又是友谊的维系者。旨趣的和谐，友谊的恒久与坚贞，无不有赖于美德。当美德扬起头来，向另一个人投射她美丽的容光，并且从对方身上看到了同样的光芒，便会不由自主地趋向对方，与对方交相辉映，随之迸发的是一团熊熊的火焰，你尽可称之为“爱”，称之为“友谊”也无妨，反正两个词都源自同一个拉丁词根。爱就是对爱人的单纯依恋，不是贫乏使然，也不是为了得到好处，只不过好处是友谊的自然产物，哪怕你完全没有谋利的意图。年轻时候，我就是怀着这团温暖的友谊之火，爱慕年辈较长的卢修斯·保卢斯、马库斯·加图、盖尤斯·加卢斯和普布柳斯·纳西卡[67]，还有我

67.这里的普布柳斯·纳西卡（Publius Nasica）是指曾两次担任执政官的普布柳斯·纳西卡·科库仑（Publius Nasica Corculum，？—前141）。科库仑是前文提及的普布柳斯·西庇阿的父亲。

亲爱的西庇阿的岳父，提贝里乌斯·格拉古[68]。在年纪相仿的人之间，友谊之火还会烧得更加炽热，西庇阿、卢修斯·弗里乌斯[69]、普布柳斯·卢皮柳斯、斯珀利乌斯·穆米乌斯和我本人，情形便是如此。但如今我也到了暮年，却开始喜欢亲近年轻人，比如说你们两个，还有昆图斯·图贝罗。岂止如此，我还喜欢跟一些更年轻的人交朋友，比如说普布柳斯·卢提柳斯和奥卢斯·维基尼乌斯[70]。既然后浪推前浪是人性和人生的法则，最理想的事情莫过于和你的同辈一起抵达人生的终点，因为你站上人生跑道之时，也是和他们一起。然而凡尘之物迁流易逝，我们也应当不断寻找与我们相互爱慕的后辈，因为人生若是缺少友爱与亲善，便只能说是兴味索然。

千真万确，西庇阿虽已猝然辞世，对我来说却依然活着，永远不会死去，因为我爱

68. 提贝里乌斯·格拉古（Tiberius Gracchus major，前217？—前154）是前文提及的格拉古兄弟的父亲，曾两次担任执政官，他的女儿森普罗尼亚（Sempronia）是小西庇阿的妻子。

69. 卢修斯·弗里乌斯（Lucius Furius）即前文提及的斐卢斯。

70. 普布柳斯·卢提柳斯（Publius Rutilius Rufus，前158—？）为古罗马政客，公元前105年任执政官；奥卢斯·维基尼乌斯（Aulus Verginius）所指不详。

的是他的美德，而他的美德长存不灭。我一辈子都在亲身体验他的美德，但他的美德不光会时刻浮现在我的眼前，还会放射永不暗淡的辉光，照耀子孙后代。若不把他的英名和形象摆在眼前，以之为最好的榜样，谁也不可能保持较比远大的志向，或者是较比崇高的理想。我可以断言，时运或禀赋给予我的一切恩赐，哪一样也比不上西庇阿和我的友谊。我俩的友谊里有公共事务上的不谋而合，有私人事务上的参酌商量，还有闲暇时无忧无虑的愉快消遣。就我所知，我从不曾引起他的不快，哪怕是在最细微的事情上，从不曾听见他说我不爱听的话，哪怕只是一句。我俩在同一座房子里居住，在同一张桌子上吃饭，过的是同一种生活，从军海外时是在一起，外出旅行和乡间度假时也在一起。一旦有了闲暇，我俩就一起找个远离尘嚣的清静所在，如饥似渴地钻研学问，不断求取新知，这样的美好回忆，何须我在此赘述？对这些事情的回忆和追念，若已随斯人一同消逝，那我根本承受不了伤痛的打击，因为我失去了一个如此亲密的人生伴侣。所幸这些事情并未消逝，反而借我的思念和回忆得到滋养，越来越饱满鲜明。即便我彻底丧失了回忆的能力，那我的年纪本身也是个不小的安慰，因为我时日无多，不必长期承受这样的折磨，只要为时不久，再大的伤痛也不至于无法忍受。

关于友谊，我能说的就这么多。结束之前，我还有一句忠告。愿你们时刻谨记，美德是第一位的，没有美德便没有友谊，但除了美德之外，只除美德之外，世间最美好的事物，非友谊莫属。

友谊的福泽深厚博大，为数众多，至于它首要的福泽，则无疑是使我们对未来充满希望，不受软弱和绝望的影响。当我们面对一位真正的朋友，看见的仿佛是我们的另一个自我。

愿你们时刻谨记，美德是第一位的，没有美德便没有友谊，但除了美德之外，只除美德之外，世间最美好的事物，非友谊莫属。

蒙田论友谊

蒙田（Michel de Montaigne，1533—1592）为法国著名作家及哲学家，随笔文体的开山祖师。本文出自他的经典巨著《随笔集》（*Essais*，1580），译文依据的是英国诗人及作家查尔斯·科顿（Charles Cotton，1630—1687）的英译本校订版，校订者是英国作家威廉·哈兹利特（William Carew Hazlitt，1834—1913）。此外，译文参考了英国学者迈克尔·斯克雷奇（Michael Screech，1926—2018）的译本。

我还是回头来说更合理、更真确的友谊吧：一般而言，我们应该先等到品格定型的成熟之年，然后再决定友谊方面的事情。

其余种种，那些不以品格和岁月为基础的东西，那些我们通常称为朋友和友谊的东西，全都不过是熟人交道和密切来往而已，要么是偶然的产物，要么就别有用心，仅仅是碰巧附带了一丁点儿心灵的交流。

有位画家为我做事，我仔细观察了他画画的章法，于是决定有样学样。他总是从墙面或画板中央最好的位置下笔，打醒他全副的精神，使出他全部的本事，认认真真地画一幅画，然后再画出一些奇形怪状的边饰，把周围的空白处填满，这些异想天开的玩意儿谈不上任何美感，仅仅以奇特多样取胜。说实在的，我这些随手写下的文字，也不过是一些七拼八凑的怪诞边饰，不但没有确定的形状，连顺序、条理和比例都只是偶然的产物。这样的文字如果不是怪物，还能是什么呢?

Desinit in piscem mulier formosa superne.

上半身是一位美貌女子，下半身却是一条鱼。[1]

就第二个步骤而言，我与这位画家并驾齐驱，可惜我压根儿没法像他那样，完成更

1. 引文原文是拉丁引文的英译，拉丁引文出自古罗马诗人贺拉斯（Horace，前65—前8）的书信体诗歌《诗艺》（*Ars Poetica*）。贺拉斯原诗是说诗人虽可随意发挥，但也不能制造如引文所说的怪物。

加高明的第一个步骤，因为我没有他的技法，不敢动笔创作一件富丽堂皇、珠圆玉润、符合艺术准则的作品。于是我想，不妨从埃蒂安·拉波埃谢[2]那里借取一件作品，以此为我的这些边饰增辉添彩。我说的是他的一篇论文，他自己定的标题是“论自愿的奴役”，只不过有些人不知道这篇文章的标题，给它另起了一个颇为贴切的标题——“反独夫”。[3]他写这篇文章时年纪轻轻，还不到十八岁，文章用的是随笔的形式，主旨则是歌颂自由，反对暴君。这篇文章在博学有识之士当中广为流传，赢得了不少实至名归的高度赞誉，因为它写得非常好，雄浑得无以复加。但我们可以信心十足地说，这远不是他能写出的最佳作品。假使他在更加成熟的年纪，也就是我有幸与他相识的那个时节，依然存着跟我一样的心思，愿意把脑子里的想法形诸笔墨，那我们肯定能看到一大批世上少有的珍

2.埃蒂安·拉波埃谢（Estienne de La Boétie，1530—1563）为法国作家，法国现代政治哲学奠基人之一。拉波埃谢是蒙田的挚友，两人的友谊是西方历史上一段脍炙人口的佳话。一些西方学者认为，拉波埃谢的英年早逝是蒙田创作《随笔集》的主要动因。

3.《论自愿的奴役》（*Discours de la servitude volontaire*）是拉波埃谢最著名的作品，写于1549年左右，1576年才以“*Le Contr'un*”（反独夫）的标题秘密出版。

品，看到几乎可与古代经典媲美的佳作，因为他是我所认识的最有文采的人，尤其是就天赋而言。可惜他留下的只有这篇论文，就连这篇论文也是侥幸流传下来的，因为据我所知，这篇文章从他手里出去之后，他再也没有瞧见过它。除此而外，他还留下了一篇针对《一月敕令》的评论，该敕令已经因我国的内战而变得声名狼藉[4]。兴许我可以找个地方，把这篇评论公之于世。临终之时，他满怀挚爱地把他的藏书和文稿托付给我，但我从他的遗物当中，只找到了前面说的这些作品，此外还有一本小小的作品集，我已经送去刊行[5]。然而，我尤其应该感谢《论自愿的奴役》，这篇文章是我了解他的第一个机缘，因为早在我有幸结识他之前，有人就给我看了这篇文章，让我第一次知道了他的名字，为我俩的友谊奠定了第一块基石。从此以后，在上帝允准的期限之内，我俩精心培

4.《一月敕令》(*Edict of January*)是法国摄政女王凯瑟琳·德·美第奇(Catherine de'Medici)于1562年颁布的敕令，为天主教国家法国境内的新教徒提供了有限的宽容。然而时隔不久，法国就爆发了因宗教纷争导致的内战，敕令成为一纸空文。

5.应该是指蒙田于1571年编辑出版的《拉波埃谢诗集》(*Vers Francois de feu Estienne de la Boetie*)。

育这段友谊，使之变得如此十全十美，如此牢不可破，如此完满无缺，以至于古人的传说中找不到同等友谊的记载，今人的实践中也找不到同等友谊的痕迹，这样的友谊需要如此之多的天缘巧合，以至于三百年里能有一段，便已是幸运之神的格外恩典。

结伴成群，似乎是我们最强烈的天性，亚里士多德曾说，好的立法者重视友谊，有胜于重视正义。[6]友谊是登峰造极的伙伴关系，原因是一般而言，由乐趣、利润、公益或私利衍生的一切伙伴关系，无不与友谊之外的动因、意图和后果纠缠不清，由此便远不如友谊美好，远不如友谊博大，远远称不上“友谊”。古人所说的四种感情，也就是天伦之情、社群之情、宾主之情和男女之情，无论是单个儿地看，还是合在一起来看，都无法构成真正的完美友谊。

子女对父母的感情，更多的是尊敬，子

6. 亚里士多德的这个说法见于他的《尼各马可伦理学》(*Nichomachean Ethics*) 第八卷。亚里士多德为此给出的理由是，“友谊是维系城邦的纽带”。

女无法与父母缔结友谊，因为友谊必须靠交流滋养，子女和父母之间却太不平等。岂止如此，友谊还有悖于天伦的责任，因为父亲的隐秘想法并不都适合告诉儿子，否则就会造成一种不得体的亲昵，儿子也不适合对父亲进行劝诫箴规，而劝诫箴规恰恰是友谊的首要功用之一。有一些地方弑父成风，还有些地方杀子成习，目的是防止一方拖另一方的后腿，因为一方的前途要以另一方的毁灭为基础。世上有一些了不起的哲学家，把天伦的纽带看得一钱不值。比如说阿瑞斯蒂普斯[7]，有人逼着他承认爱子女的责任，理由是子女是他的产物，于是他吐了口唾沫，说唾沫也是他的产物，何况还有蛔虫和虱子。[8]此外，普鲁塔克曾经恳劝某人跟兄弟重归于好，那人却说："我绝不会因为他跟我是从同一个洞里出来的，就对他另眼相看。"[9]话又说回来，"兄弟"这个称谓，委实悦耳动

7. 阿瑞斯蒂普斯（Aristippus of Cyrene，前 435？—前 356？）为古希腊哲学家。他是苏格拉底的学生，但却提倡享乐，见解与苏格拉底大不相同。

8. 阿瑞斯蒂普斯的这则轶事见于公元三世纪传记作家拉尔修斯（Diogenes Laertius）所著的《大哲生平》（*Lives of Eminent Philosophers*）。

9. 这件事情见于普鲁塔克《道德小品》（*Moralia*）中的"论兄弟情谊"（*On Brotherly Love*）。普鲁塔克在文中没有提到此人的名字，只是说此人"享有哲学家的美名"。

听，所以我也与拉波埃谢兄弟相称。然而，利益的纠葛和财产的分割，以及贫富不均的情形，往往会极大地挫伤兄弟的感情。兄弟们必须沿着同一条道路追求财富与成功，难免会磕磕碰碰，相互妨碍。除此而外，要想缔结真正的完美友谊，双方的习惯、才赋和性情就必须和谐一致，这样的和谐一致，家人之间一定会有吗？父子的性情很可能截然相反，兄弟也是如此。他确实是我儿子，确实是我兄弟，可他放纵无度，生性邪恶，或者愚不可及！更何况，亲情越是源自法律和伦理的强制，越不是我们自己的选择，越不是我们自由自主的产物，与此同时，自由自主带来的种种产物之中，最与它自身和谐一致的便是挚爱和友谊。倒不是说我对亲情的好处没有切身的体会，因为我拥有一位再好不过的父亲，他对我的慈爱无以复加，到他的耄耋之年依然如此，不仅如此，我还出身

于一个世世代代以兄友弟恭闻名的家庭，

Et ipse

Notus in fratres animi paterni.

而我自己，也以爱弟如子著称。[10]

男女之爱也是我们自己的选择，但我们不能拿它来跟友谊进行对比，也不能把两者归入同一个类别。我必须承认，男女之间的爱火确实更加旺盛，更加热切，更加炽烈，因为

Neque enim est dea nescia nostri

Qux dulcem curis miscet amaritiem.

我对那位女神，并非一无所闻，

她用我们的忧心，调制甜苦参半的饮品。[11]

只不过，这种火焰同时也更加轻率，更加任

10. 引文原文是拉丁引文的英译，拉丁引文出自贺拉斯《颂诗集》（*Odes*）第二卷第二首，但贺拉斯原文说的是“他”，不是“我自己”。

11. 引文原文是拉丁引文的英译，拉丁引文出自古罗马诗人卡塔勒斯（Catullus，前84？—前54？）的《诗集》（*Carmina*）第六十八首。

性，更加摇曳不定，更加变化不停，好似一场伴有抽搐的高烧，只能影响我们身体的局部。友谊却是一团温暖全身的火，均衡适度，经久不熄，始终轻柔和缓，绝不滚烫灼人。此外，男女之爱仅仅是一种狂乱的欲求，目标是我们求之不得的事物，

Come segue la lepre il cacciatore
Al freddo, al caldo, alla montagna, al lito;
Ne piu l'festima poi the presa vede;
E sol dietro a chi fugge affretta il piede.
就好像猎手追逐野兔，
不畏寒暑，翻山越谷，
逮到便把它弃如敝屣，
只想擒获逃开的猎物。[12]

双方一旦进入友谊的阶段，换句话说就是欲求一致的阶段，爱火便消逝无踪。爱欲的满

12.引文原文是意大利文引文的英译，意大利文引文出自意大利诗人阿里奥斯托（Ludovico Ariosto，1474—1533）的史诗《疯狂的罗兰》（*Orlando Furioso*）第十章。

足便是爱欲的毁灭，因为它仅仅以肉体为目标，注定有厌腻之时。与此相反，友谊却越是带来满足，越是使人渴望，满足感只会滋养它，加深它，使它茁壮成长，因为它是灵魂的习练，而灵魂会借由习练日臻完美，永无止境。我年纪尚轻的时候，种种转瞬即逝的爱欲也曾在我身上占据一席之地，匍匐在这种完美友谊的下方，拉波埃谢就更不用说，他在诗里主动招供了太多这方面的事情。那时我兼有友谊和爱欲，可我总是能把它们截然分开，绝不把两者相提并论，前者依然在高空骄傲地翱翔，鄙夷地俯视下方，看后者奔走在无比卑陋的低处。

至于说婚姻，婚姻好比一张合约，只有签约是自由的，合约的期限则完全是强制的义务，取决于一些不由我们自主的东西。除此而外，这张合约通常是为其他目的签订的，几乎总是会引来千百种错综复杂的纠葛，足以阻断欢快奔流的爱恋之河，改变它的流向。与此同时，友谊却只与自身有关，不牵扯任何生意，任何交易。更何况实在说来，女性的才赋通常不足以应付友谊所需的契合与交流，因此便无力维系这根神圣的纽带，她们的心智也似乎不够坚韧牢靠，若是与他人打成一个如此紧密、如此持久的结，便会有绷断之虞。毋庸置疑，若是没有这些障碍，人与人之间完全可能缔结一种自由自愿的亲密关系，不光是灵魂得到充分的满足，肉体也可参与其中，双方都是全身心地投入，这样的友谊，自然是更加圆满，更加完美。只可惜如此完美的女性，迄今还没有先例，各家各派的古代哲人倒是达成了一种共识，把这个性别整体排除在友谊之外。

古希腊人有一种替代男女之爱的放纵风习，理所应当地成为了我们的习俗深恶痛绝的东西。按照他们的风习，情侣的年纪和地位还必须有悬殊的差距[13]，可见这种风习跟男女之爱一样，有悖于我们在此倡导的和谐般配。

Quis est enim iste amor amicitiae? cur neque deformem adolescentem quisquam amat, neque formosum senem?

那样的“友谊之爱”，到底是为了什么？

为什么没有人去爱丑陋的小伙，或是俊美的老者？[14]

哪怕是学院[15]对这种风习的描绘，依我看也推翻不了我给它做的总结：爱人看见一名花样青年的蓬勃青春，维纳斯的儿子[16]便在爱人心里点燃激情的烈焰，于是他们认为，在这种情形之下，无度激情所能诱发的一切逾分越礼的疯狂追逐，全都是无伤大雅的事情，然而追根究底，这种激情的基础仅仅是外表之美，仅仅是肉体重生的幻象[17]，绝不可能是心灵之美，因为对方的心灵此时还无

13. 古希腊曾经风行男同性恋，通常一方是地位较高的成年男子，另一方是地位较低的青少年，前者占据恋爱关系中的主导地位。前者称为“爱人”（lover），后者称为“宠儿”（beloved）。

14. 引文原文是拉丁引文的英译，拉丁引文出自西塞罗的《图斯库兰论辩》（*Tusculanae Disputationes*）第四卷。西塞罗的意思是，这种“友谊之爱”的实质是肉欲。

15. 学院（Academy）应指柏拉图在雅典创办的学院。柏拉图早期对同性恋持赞成态度。

16. 维纳斯（Venus）是古罗马神话中的爱神，对应于古希腊神话中的阿弗洛狄忒（Aphrodite）。维纳斯的儿子是小爱神丘比特（Cupid），对应于古希腊神话中的埃罗斯（Eros）。

17. 蒙田这么说，意思是这种爱植根于繁衍后代的肉欲，与此同时，同性恋并不产生后代。

法看见，仅仅是初露萌芽，尚未成熟开花。这种激情的俘虏如果是品性卑劣的人，满足激情的手段就无非是厚礼嘉贶，奖掖提拔，以及诸如此类的无耻引诱，这他们是绝对不会赞成的；俘虏如果是较比高尚的人，追求的手段自然会高尚一些，比如说提供哲学方面的指引，教导对方崇信宗教，遵纪守法，为祖国捐生赴死，或者是以身垂范，彰显勇气、审慎和公道的价值，指望着在肉体早已衰残不堪的情况下，凭心灵的优雅和美好讨得对方的欢心，借精神的交往建立一种更为稳固持久的关系。这样的求爱过程会在适当的时候——因为他们不要求爱人为此付出时间和判断力，反倒严格要求宠儿全力以赴，毕竟宠儿才是那个肩挑重担的人，不得不努力认识内在之美，研习艰深之学，辨析晦涩之理——收到成效，使宠儿产生回应的欲望，这种欲望源自心灵，源自对心灵之美的体认。对宠儿来说，心灵之美是第一位的，肉体之美则是第二位的附带事物，这一点跟爱人恰恰相反。正因如此，他们对宠儿钟爱有加，还声称众神也会如此，并且对诗人埃斯库罗斯大加挞伐，因为在叙写阿喀琉斯与帕特洛克罗斯之爱的时候，埃斯库罗斯把爱人的角色给了阿喀琉斯，后者不光拥有唇上无须的花样青春，还是全希腊最俊美的青年。[18]他们还说，一旦达成这种全方位的契合，达成这种由长上者占据主导地位并发挥其应有功能的契合，对个体和公众都会有莫大的好处，因为它不仅为流行此种风习的国家提供了力量源泉，还是自由与正义的首要保障，例证便是哈莫丢斯和阿瑞斯托吉顿之间的美好爱情[19]。有鉴于此，他们声称这种风习神圣不可侵犯，只有蛮横的暴君和粗鄙的愚氓才会反对。说到底，学院的这种风习只有一个可取之处，也就是说，这种爱将会

18. 埃斯库罗斯（Aeschylus，前525/524？—前456/455？）为古希腊悲剧作家，著作包括如今仅余残篇的《阿喀琉斯三部曲》（*Achilleis*）。阿喀琉斯和帕特洛克罗斯（Patroclus）之间的友谊是西方流传不衰的佳话。

19. 据修昔底德《伯罗奔尼撒战争史》（*History of the Peloponnesian War*）第六卷所说，哈莫丢斯（Harmodius）和阿瑞斯托吉顿（Aristogiton）是公元前六世纪雅典的一对同性恋人，前者是俊美青年，后者是中年男子。两人合力刺杀两个统治雅典的暴君，但只杀死了其中一个，两人都因此而死。

以友谊为终结，相当符合斯多葛派[20]对爱的定义：

Amorem conatum esse amicitiae faciendae ex pulchritudinis specie.

爱是由外在美激起的交友欲求。[21]

我还是回头来说更合理、更真确的友谊吧：

Omnino amicitiae, corroboratis jam confirmatisque, et ingeniis, et aetatibus, judicandae sunt.

一般而言，我们应该先等到品格定型的成熟之年，然后再决定友谊方面的事情。[22]

其余种种，那些不以品格和岁月为基础的东西，那些我们通常称为朋友和友谊的东西，全都不过是熟人交道和密切来往而已，要么

20. 斯多葛派（Stoicism）是古希腊罗马的一个哲学流派，创始人是古希腊哲学家芝诺（Zeno of Citium，前334？—前262？）。

21. 引文原文是拉丁引文的英译，拉丁引文出自《图斯库兰论辩》第四卷。从该书上下文来看，西塞罗引用斯多葛派的这个观点只是为了驳斥。

22. 拉丁引文出自西塞罗《论友谊》，可参看本书前篇。

是偶然的产物，要么就别有用心，仅仅是碰巧附带了一丁点儿心灵的交流。但在我所说的友谊当中，双方的心灵彼此交织，合二为一，完完全全融为一体，根本看不出接合的痕迹。假使有人非要我说个理由，解释我为什么爱拉波埃谢，那我只能说：因为是他，因为是我。我俩的友谊超出我的言辞，超出我的理性，只能归结为无从索解的命运。相遇之前许久，我俩已经在相互追寻，因为我俩都听说了对方的品格，由此产生了强烈的友爱之情。照理说，我俩不该为区区传闻如此动心，依我看，这便是冥冥之中自有天定。我俩借由各自的名声接纳了彼此，然后才有第一次的相遇。当时正赶上一次人山人海的市镇节庆，我俩当即发现，彼此是如此地一见倾心，彼此之间已经是如此地熟悉，如此地亲密，以至于从此以后，对于我俩来说，世间再没有比彼此更亲近的事物。他写了一首十分美妙的拉丁文讽喻诗，这首诗目前已经出版，在诗中解释了我俩的契合为何如此仓猝，为何在转瞬之间达致完满。他说，我俩的友谊注定为时短暂，因为我俩相识太晚（相识之时，我俩都已经是成年人，他还比我大几岁），所以我们绝不能浪费时间，更不必仿效那些慢慢升温的友谊常例，设定一个小心翼翼、经年累月的试探阶段。我俩的友谊以自身为目标，此外再无目标，以自身为参照，此外再无参照，其中不包含任何一种特定的希冀，也不是两种、三种、四种或一千种希冀的混合，只有某种由一切希冀汇成的神秘精髓，这精髓俘虏了我全部的意志，携着它奔向他的意志，消融在他的意志里，同时又俘虏了他全部的意志，携着它奔向我的意志，消融在我的意志里，双方都是一样地甘心情愿，一样地如饥似渴。我说的“消融”绝非虚言，因为我俩毫无保留地交出了自我，再没有“他的”或“我的”一说。

审判完提贝里乌斯·格拉古之后，两位罗马执政官继续审判格拉古的党羽，其中包括格拉古最亲密的朋友，盖尤斯·布罗修斯。审判期间，列席审判的拉埃柳斯问布罗修斯，你肯为格拉古做些什么事情。听布罗修斯回答说“任何事情”，拉埃柳斯便说：“什么！任何事情！要是他吩咐你去烧我们的神庙呢？”布罗修斯回答说：“他绝不会吩咐我去做这种事情。”拉埃柳斯又问：“万一他这么吩咐呢？”布罗修斯的回答是：“那我就照办不误。”[23]倘若布罗修斯果真如历史记载所说，跟格拉古是如此莫逆的生死之交，那他大可不必用这样的悍然告白去触怒执政官，倒是应该坚持他对格拉古的性情所作的判断，绝不松口。另一方面，那些把他的回答斥为煽动的人，并没有真正领会友谊的奥秘，而且没有认识到，他随时乐意贯

23. 西塞罗在《论友谊》当中记述了这件事情，可参看。

彻格拉古的意志，因为他是格拉古的朋友，还因为他对格拉古知根知底。他俩首先是朋友，其次才是公民，首先是彼此的朋友，其次才是祖国的敌人或朋友，才是宏图大业与维新变法的朋友。他俩把自己彻底交给了对方，彻底控制着彼此的欲求，假设他俩的行动都出于美德和理性的引导——若非如此，他俩就不可能成为这样的朋友——布罗修斯的回答就只能说是理所当然。如果他俩有任何行动偏离了正轨，那么，依照我为友谊设定的标准，他俩就不再是彼此的朋友，甚至不再是他俩自己的朋友。此外，布罗修斯的回答听起来大逆不道，可我要是面临类似的情形，也会做出类似的回答。假使有人逼问我，“如果你的意志吩咐你杀死你的女儿，你会杀吗？”那我肯定会回答“会杀”，这并不表明我赞成这么干，因为我对自己的意志不会有一丝一毫的怀疑，正如我绝不怀疑至交好友的意志。世间的一切雄辩说辞，都不能动摇我对朋友的意图和决定抱有的十足信心，岂但如此，朋友的任何一个行动，无论其表象如何，我都能一眼看出它背后的动机。我俩的心灵如此紧密地交织在一起，怀着如此炽烈的挚爱脉脉对视，并且怀着同样的挚爱，把自身最隐秘的角落袒露在对方眼前，以致我不但对他的心灵了如指掌，一如了解我自己的心灵，甚至乐意把我的一切交托给他，比交托给我自己还要放心。

既然如此，谁也别高抬普通的友谊，把它跟我说的这种友谊混为一谈。我对普通友谊的了解不逊于任何人，并且见识过最为完美的普通友谊，可我还是要奉劝大家，千万别搞混了两种友谊的准则，以免上当受骗。面对普通的友谊，你须当小心谨慎，把缰绳抓在手里，因为普通友谊的纽带拴得并不是那么牢靠，担心它松脱也是理所应当的事情。契罗说:“爱朋友时须当谨记，朋友或有反目之时，恨仇人时亦当谨记，仇人或有亲睦之时。”[24]这种观念若是用于至高无上的完美友谊，只能说是可耻之极，但若是用于司空见惯的普通友谊，倒也算得上十分合理。对于普通的友谊，你完全可以用上亚里士多德的那句口头禅:“我的朋友啊，世上根本就没有朋友。”[25]

在我所说的这种高贵交往当中，其他友谊赖以维系的助益、礼物和恩惠，通通都是不足挂齿的东西，原因在于，双方的意志已经彻彻底底融为一体。不管斯多葛派的哲人怎么说，我为我自己分了忧解了愁，绝不会使我更爱自己，我为我自己帮了忙服了务，也不会使我感激自己，同理可知，两位朋友既然实现了完满无间的契合，自然就察觉不到此类恩惠的存在，而且会满怀厌憎之情，从彼此的交流当中剔除那些显示分隔和区别

24.契罗即“斯巴达的契罗”，为“希腊七贤”之一，但人们一般认为，这句话是同为“七贤”之一的毕阿斯说的，可参看前篇相关叙述及注释。

25.据拉尔修斯《大哲生平》所载，亚里士多德有句口头禅:“朋友太多，等于没有朋友。”（亚里士多德在《欧德谟伦理学》当中也有类似说法。）当代澳大利亚学者德尔克·巴尔兹利（Dirk Baltzly）在论文《古典时代的友谊理想》（*The Classical Ideals of Friendship*）中说，蒙田这句引文来自拉尔修斯的这条记载，但误解了亚里士多德这句话的意思。

的字眼，比如说“恩惠”“责任”“领情”“要求”“感谢”，如此等等。不管是意志、思维和观点，还是财物、妻子、儿女、荣誉和生命，一切都是两人共有，两人的挚爱完完全全合二为一，结果正如亚里士多德那个恰如其分的定义，“一个灵魂占据两个身体”[26]，彼此之间谈不上借，也谈不上给。正因如此，各位立法者才会制定一条类似于这种神圣盟约的规矩，以此为婚姻增光添彩。他们禁止夫妻之间互送礼物，言外之意是一切皆属夫妻共有，不可瓜分，也不可相互馈赠。

在我所说的这种友谊当中，非要说一方可以施恩于另一方的话，该受感谢的也只能是受恩的一方，因为双方竞相为对方效劳，都把帮助朋友作为自己的第一需要，接受帮助的一方既然为朋友提供了满足第一需要的机会，自然是名副其实的慷慨施主。缺钱的

26. 亚里士多德的这个定义见于拉尔修斯的《大哲生平》。

时候，哲学家第欧根尼总是对朋友们说，我不是问你们要钱，而是叫你们还钱。[27]为了让大家看看这个道理的实际应用，我在这里举一个古代的典型例子。穷困的科林斯人优达米达斯有两个富裕的朋友，一个是西西翁人恰里谢纳斯[28]，一个是科林斯人阿尔特柔斯。临死的时候，优达米达斯立了这么一份遗嘱："我把赡养我母亲的事情遗赠阿尔特柔斯，由他来照顾我母亲安度晚年，再把我女儿出嫁的事情遗赠恰里谢纳斯，由他来为我女儿备办一份尽量丰厚的嫁妆。如果他们两人中有人不幸去世，死者所得遗赠即由生者继承。"最先看到他这份遗嘱的人，个个都笑得合不拢嘴，然而，听说这件事情之后，两位继承人都欢天喜地地接受了自己分到的遗产。不过，恰里谢纳斯五天之后就去世了，阿尔特柔斯便一人独得两份遗产，一边无微不至地照料优达米达斯的母亲，一边

27. 第欧根尼（Diogenes，前412？—前323）为古希腊哲学家，这则轶事见于拉尔修斯的《大哲生平》。

28. 科林斯（Corinth）和西西翁（Sicyon）都是古希腊城邦。

又把自己的五塔兰同家产[29]分成两份，一半给自己的独生女儿做嫁妆，一半给优达米达斯的女儿做嫁妆，然后选好日子，在同一天为两位姑娘举办了婚礼。[30]

这个例证非常充分，美中不足的是故事中的朋友不止一位，因为我所说的完美友谊，根本不可能分割。在这样的友谊当中，两个人都把自己完全交给了对方，再没有余物可以分赠他人，恰恰相反，两个人都恨自己没有两个、三个或四个分身，恨自己没有更多的心灵和意志，无法向唯一的爱人奉献更多。普通的友谊可以分割，一个人尽可以爱这个人的好长相，爱那个人的好性子，爱第三个的慷慨大方，爱第四个的父辈关怀，爱第五个的手足情分，如此等等，我说的这种友谊却会占据整个的心灵，在那里行使绝对的主权，不允许任何竞争对手存在。要是有两个朋友在同一时间向你求助，你该去帮

29.塔兰同（talent）为古希腊计量单位，大约相当于二十六公斤。这里的“五塔兰同家产”大概是指五塔兰同金子或银子。

30.这个故事见于叙利亚作家琉善（Lucian of Samosata，125？—180？）的对话体著作《托克萨利斯，或论友谊》（*Toxaris or Friendship*），托克萨利斯是书中主角的名字。

谁才好？倘若他俩的要求相互矛盾，你怎么可能同时满足？要是其中一个跟你说了一件不许传扬的事情，另一个又有知道这件事情的必要，你如何解决这道难题？一人独享的完美友谊，可以使其他所有的纽带失去效力，我立誓不告诉别人的秘密，不用背誓就可以告诉唯一的朋友，因为他不是别人，就是我。一个人能有两个自我，已经是莫大的奇迹，有的人居然奢谈三个自我，简直是不知所云。事物只要有同类，便称不上登峰造极，要说我可以给两个人同等的爱，那两个人又彼此相爱，对我的爱也一如我对他们的爱，等于是想让最独一无二、最不可分割的事物成倍增加，扩大为一个同类的集合，与此同时，要找见一个这样的事物，已经是世上最难的事情。

除了前述不足之外，这个故事非常吻合我所说的道理。优达米达斯将自己的急难遗赠朋友，允许他们出手相助，对他们来说是一种奖赏和恩惠。他留给两位继承人的是一份慷慨的施与，因为他给了他们为他效劳的机会。毋庸置疑，优达米达斯的举动更能彰显友谊的力量，有胜于阿尔特柔斯的所作所为。总而言之，这些都是没有亲身体验的人无从想象也无法理解的事迹，使得我由衷赞赏那名年轻士兵对居鲁士的回答。那名士兵赛马获胜，居鲁士便问他，他的马要多少钱才肯卖，拿一个王国来换行不行。“不行，真的不行，陛下，”士兵回答说，“可我十分乐意拿它去换一个真正的朋友，如果找得到真正的知己的话。”[31]士兵说的“如果找得到”，确实是句实在话，原因在于，适合充作泛泛之交的人虽然比比皆是，可要想缔结我所说的这种友谊，要做到毫无保留地倾心相爱，却要求双方心灵的锁齿与锁簧做工精良，完美啮合。

31.居鲁士指古波斯国王居鲁士大帝（Cyrus the Great，前600？—前530）。这个故事见于古希腊哲学家及军事统帅色诺芬（Xenophon，前430？—前354）撰著的《居鲁士的教育》（*Cyropaedia*）第八卷。

在立足于单一目标的交往当中，我们用不着要求更多，只要对方身上没有妨害这一目标的缺点，那也就行了。我的医生或律师信仰什么，对我来说无关紧要，因为他们的信仰，跟他们要为我提供的服务毫不相干。对于我和家仆之间的日常交道，我采取的也是同样漠然的态度。挑选男仆的时候，我不会问他贞不贞洁，只问他勤不勤快。我不关心骡夫好不好赌，只关心他是不是壮健有力，也不关心厨子的嘴巴干不干净，只关心他的厨艺高不高超。我不会把别人的家务事引为己任，去指导别人如何持家，因为管那种闲事的人已经够多的了，我只想说说我自己的处世之道：

Mihi sic usus est: tibi, ut opus est facto, face.

我就是这样，你爱怎样就怎样。[32]

32. 引文原文是拉丁引文的英译，拉丁引文出自特伦斯的剧作《自寻烦恼》(*Heauton Timorumenos*) 第一幕第一场。

席间谈笑，我青睐轻松机灵胜于博学深沉，床笫之欢，我青睐花容月貌胜于美好德行，至于说闲聊客套，我青睐能说会道，不关心言语真不真诚。

有个人曾经骑着木马，跟自己的孩子一起玩耍，被人撞见便恳请对方，等你自己有了孩子，然后再来评说我的举动[33]，原因是他认为，对方若是对父爱有了亲身的体会，便可以更公允地评判这样的事情。跟这个人一样，我也巴不得能和一些经历如我所说的人交流，可惜我深知我所说的友谊千载难逢，与普通的友谊相去霄壤，所以我心灰意冷，根本不指望遇上合格的裁判。要知道，即便是古人留给我们的那些关于友谊的宏论，与我的亲身经历相比也显得平淡贫乏。就我的经历而言，真实的感受甚至超越了哲学的理想：

33. 这个人是武功卓著的斯巴达国王阿格西劳斯二世（Agesilaus II，前444？—前360？）。这件事情见于普鲁塔克《希腊罗马名人传》“阿格西劳斯传”（*The Life of Agesilaus*）。

Nil ego contulerim jucundo sanus amico.

只要我理性尚存，

什么乐趣也比不上一位可心的友人。[34]

古贤米南德曾经宣称，哪怕只是有幸看见了朋友的影子，他也会觉得十分幸福。[35]毫无疑问，他说得很有道理，如果他亲身体验过友谊的滋味，那就更有理由这么说。感谢上帝，除了失去拉波埃谢的伤痛之外，我这辈子过得相当愉快，无灾无难，轻松自在，心境十分安宁，始终满足于上苍给我的恩赐，不羡慕其他任何人。可是说实在话，相较于我有幸与这位完美友人相爱相守的四年时光，我人生中的其余岁月只能说是虚幻的烟雾，只能说是百无聊赖的漫漫黑夜。自从我失去他的那一天：

34. 引文原文是拉丁引文的英译，拉丁引文出自贺拉斯《讽刺诗集》（*Satires*）第一卷第五首。

35. 米南德（Menander，前342？一前290？）为古希腊剧作家及诗人。米南德的这个说法见于普鲁塔克在《道德小品》“论兄弟情谊”当中的引述。

Quern semper acerbum,

Semper honoratum (sic, di, voluistis) habebo,

那个众神注定我永远伤悼、永志不忘的日子，[36]

我仅仅是在苟延残喘。降临在我生活中的一切乐事，不但不能带给我丝毫安慰，反而使我加倍痛惜他的离去。曾几何时，我俩分享所有的一切，如今我独留人世，心里便不能不觉得，我是在窃取属于他的份额：

Nec fas esse ulla me voluptate hic frui

Decrevi, tantisper dum ille abest meus particeps.

我已决定，我无权享受任何乐趣，

只要那个曾与我同乐的人，依然远离。[37]

我习惯了随时随地与他相伴，做他的另一个自我，如今我只能认为，我已经只剩半个自我：

36. 引文原文是拉丁引文的英译，拉丁引文出自古罗马大诗人维吉尔（Virgil，前70—前19）的经典史诗《埃涅阿斯纪》（*Aeneid*）第五卷。

37. 引文原文是拉丁引文的英译，拉丁引文出自特伦斯《自寻烦恼》第一幕第一场。

Illam meae si partem anima tulit

Maturior vis, quid moror altera?

Nec carus aeque, nec superstes

Integer? Ille dies utramque

Duxit ruinam.

倘若非时的打击，夺走我一半的灵魂，

剩下的一半，如何能孑然独存？

残余的灵魂，既不美好也不完整，

那一半消逝之日，这一半也同归于尽。[38]

我的一切行动，一切思绪，无不饱含对他的思念，而我深知，他也会时刻为我挂牵，因为他的德行与成就百倍于我，他对友谊的奉献也是如此：

Quis desiderio sit pudor, aut modus

Tam cari capitis?

哀悼一位如此亲密的友人，

38. 引文原文是拉丁引文的英译，拉丁引文出自贺拉斯《颂诗集》第二卷第十七首。

岂有可羞之处，岂有过度之说？[39]

O misero frater adempte mihi!

Omnia tecum una perierunt gaudia nostra,

Quae tuus in vita dulcis alebat amor.

Tu mea, tu moriens fregisti commoda, frater;

Tecum una tota est nostra sepulta anima

Cujus ego interitu tota de menthe fugavi

Haec studia, atque omnes delicias animi.

Alloquar? audiero nunquam tua verba loquentem?

Nunquam ego te, vita frater amabilior

Aspiciam posthac; at certe semper amabo.

兄弟啊，失去你我何等痛惜！

我们的一切欢乐，通通随你而去，

尽管你在生之时，用挚爱将它们哺育。

你撒手尘寰，将我的幸福毁灭无遗，

我整个的灵魂，与你一起长埋地底。

只因你离我而去，我从我的心里，

驱除所有的乐事，所有的欢愉。

39. 引文原文是拉丁引文的英译，拉丁引文出自贺拉斯《颂诗集》第一卷第二十四首。

难道我再不能向你倾诉，再不能倾听你的话语？

比生命还宝贵的兄弟啊，难道我们后会无期？

但我将永远爱你，此情笃定无疑。[40]

不过，我们还是来听听这个十六岁少年的妙论吧。[41]

但是我发现，有一些用心险恶之人，业已把他的这篇文章公之于世，那些人妄图扰乱并改变我国的政体，却不曾费神考虑，自己有没有本事把它变得更好。我还发现，那些人不但盗用了他的这篇文章，还把它跟他们自己炮制的一些玩意儿混在了一起。有鉴于此，我已经改变初衷，不打算在此引述这篇文章。为了捍卫作者的清名，以防那些无从了解他操守的人产生误会，我特意在此申明，这篇文章是他少年时代的作品，用意只是练笔，探讨的也是一个常见的主题，此前已经有千百位作家做过类似的探讨。当然我

40. 引文原文是拉丁引文的英译，拉丁引文的前七行出自卡塔勒斯《诗集》第六十八首，后三行出自同书第六十五首。

41. 如本文开篇所说，蒙田谦称自己的这些文字只是“边饰”，作用是烘托拉波埃谢的杰作，也就是《论自愿的奴役》。按照他原来的计划，紧接“我们还是来听听这个十六岁少年的妙论吧”之后的应该是《论自愿的奴役》，但他最终没有引述这篇文章，转而引述了拉波埃谢的诗歌（在1580年版的蒙田《随笔集》当中，紧接本文的是拉波埃谢的二十九首十四行诗）。他在下文中解释了不引述《论自愿的奴役》的理由，相关的历史背景则是拉波埃谢的这篇文章遭到法国新教徒的僭用，变成了宗教斗争的宣传工具。

绝不怀疑，他真心相信他写的东西，因为他无比诚笃，连他的游戏文字也不可能所言不实。更何况我知道，如果由他自己做主的话，他不会愿意生在萨拉，更愿意生在威尼斯[42]，而且理当如此。然而，他还有一条铭刻在心的首要准则，那便是以宗教般的虔诚，谨守他出生之地的法律。世上从未有过比他更良善的公民，没有谁比他更爱国，也没有谁比他更传统，更坚决地反对他所处时代的种种骚乱和新奇变革。他只会用自己的才干去扑灭内乱的烈焰，绝不会为它添柴加火。他那颗心灵的样式，依照的是来自更美好时代的范本。既是如此，我决定舍弃这篇严肃的文章，代之以一些较为欢快、较为轻松的作品，这些作品出自同一位作者之手，出自他人生中的同一个时期。

42. 萨拉（Sarlat）为法国中南部城镇，拉波埃谢的出生地。据美国当代学者哈里·库尔茨（Harry Kurz，1889—1973）《〈论友谊〉当中的蒙田和拉波埃谢》（*Montaigne and la Boétie in the Chapter on Friendship*）一文所说，蒙田说拉波埃谢更愿意生在威尼斯，是因为后者的诗风深受意大利诗人彼特拉克（Francesco Petrarca，1304—1374）的影响。

假使有人非要我说个理由，解释我为什么爱拉波埃谢，那我只能说：因为是他，因为是我。我俩的友谊超出我的言辞，超出我的理性，只能归结为无从索解的命运。

适合充作泛泛之交的人虽然比比皆是，可要想缔结我所说的这种友谊，要做到毫无保留地倾心相爱，却要求双方心灵的锁齿与锁簧做工精良，完美啮合。

培根

论

友谊

本文出自英格兰大哲弗朗西斯·培根（Francis Bacon，1561—1626）的《随笔集》（*Essays*，1625），是培根应终生挚友托比·马修（Tobie Matthew，1577—1655）之请而写，培根曾多次在致马修的信中谈及自己写作本文的经过和用心。

友谊之树赐人嘉果累累，其中之一便是七情皆得抒发，胸中块垒全消。第二枚嘉果则是补益理智的灵丹，因为友谊不光能把情感的狂风暴雨变作和风丽日，还能把思维的混沌暗夜变作理智的朗朗天光。

前述的两枚嘉果（亦即稳定情绪和补益理智）之外，友谊之树还有一枚嘉果。这枚嘉果好比石榴，包含着无数籽粒，我这个说法，指的是朋友在一切事务和场合当中的协助和参与。

以孤独为乐的人，不是野兽便是神明[1]，这句话包含着众多的真理与谬误，要想用同样精简的语言囊括更多的真理与谬误，就算是这句话的始作俑者也会一筹莫展。原因在于，人若是对社会怀有天生的隐秘憎恶，诚可谓有似蒙昧的兽类，但若说此人拥有任何类似神明的特质，则可谓大谬不然，除非此人的用意不在于享受孤独的乐趣，遗世独立是为了追求更为崇高的生活方式。同样是高蹈遁世，有些异教徒只是在欺世盗名，比如坎迪亚人厄彼门尼蒂斯、罗马人努马、西西里人恩培多克勒和蒂厄纳人阿波罗尼乌斯[2]，与他们不同，各位古代隐士及教会先贤可说是诚意笃行。然而，人们并不了解何为孤独，也不了解孤独的伸展范围，因为在仁爱缺失的地方，熙攘人群不为友伴，万千人面只是画展，交谈也不过是铙钹喧阗。[3]有句拉丁格言约略讲明了前述道理：大哉此城，大哉

1.此处引文源自亚里士多德的《政治学》（*Politics*）第一卷。亚里士多德的原文是："人若是欠缺与他人相处的能力，或是自满自足，不需要与他人相处，便不能算是城邦的成员，换句话说，此人要么是野兽，要么是神明。"

2.厄彼门尼蒂斯（Epimenides of Crete）是公元前六七世纪的希腊预言术士及哲学家，据说他曾在一个神圣的洞穴里酣睡了五十七年，醒来便获得了预言能力。坎迪亚（Candia）是希腊克里特岛（Crete）的别名。努马（Numa Pompilius，前753—前673）为古罗马传奇君王，罗马城建造者罗慕洛（Romulus）的继任。他生活简朴恬退，以睿智虔诚著称，据说拥有与神祇直接交流的能力，但普鲁塔克认为他只是在利用迷信来教化民众。恩培多克勒（参见前文注释）是四元素学说的始创者，自称拥有神力。据说他长期与世隔绝，最后纵身跳进西西里岛的埃特纳火山口，目的是造成神秘失踪的假象，让众人相信他是神。罗马帝国时代的希腊哲学家阿波罗尼乌斯（Apollonius of Tyana，15？—100？）是一个云游四方的苦行者，据称拥有超感官知觉。蒂厄纳（Tyana）为古代城市，在今天的土耳其。

3.典出《新约·哥林多前书》："我若是心无仁爱，就算会说凡人与天使的各种语言，也不过如同会鸣的锣、会响的钹。"

荒漠。[4]因为大城使得友朋分散，大多欠缺小镇常有的淳厚人情。但我们不妨更进一步，不妨言之凿凿地指出，缺少真正的朋友，人们就会陷入可悲可叹的绝对孤独，没有真正的友谊，世界便只是一片荒野。正因为孤独蕴含着荒野的意味，我们完全可以说，倘若有人天生不宜交朋结友，此种性情必然是从野兽身上学来，与人性无关。

友谊之树赐人嘉果累累，其中之一便是七情皆得抒发，胸中块垒全消。众所周知，对于身体来说，最凶险的疾患莫过于梗阻窒塞；对于精神来说，情形同样如此。通肝可用菝葜，畅脾可用铁剂，利肺可用硫华，醒脑可用狸香[5]，舒心则莫如知交挚友。面对挚友，你可以尽情释放自己的喜悦与悲伤、恐惧与希望、疑虑与设想，将郁积心中的包袱统统清空，好比来一场教堂之外的忏悔或告解。

显赫君王每每将前述的友谊嘉果奉为至

4. 此处引语原文为拉丁文，见于尼德兰人文主义思想家及神学家伊拉斯谟（Erasmus，1466—1536）编纂的《格言集》（*Adagia*），是古希腊地理学家及哲学家斯特雷博（Strabo，前64？—24？）对巴比伦城的感叹。

5. "菝葜"的原文是"sarza"，亦即"sarsaparilla"，指由百合科菝葜属的几种植物提取而得的药物；"铁剂"治病的说法可能来自瑞士医学家帕拉塞尔苏斯（Paracelsus，1493—1541），他从万物一体的观念出发，认为不同的矿物元素对应不同的人体器官，各种元素须当保持平衡；"硫华"指的是由硫磺提炼而得的细粉；"狸香"（castoreum）即海狸香，是用成熟海狸分泌物制得的一种香料。

宝，实属可怪之事。他们对它无比珍视，以至于往往为它折损自己的安全与尊荣，原因是君王与臣仆地位悬殊，无法采撷这枚嘉果，要想尝到它的滋味，君王只能把某些人擢升为几乎与自己平起平坐的同伴，而这样的擢升往往会造成种种弊害。现今的语言把这类同伴称为宠臣或心腹，似乎以为他们的地位仅仅代表着恩宠或亲近，古罗马人却把他们称为分忧者[6]，由此道出了他们真正的使命和发迹因由，原因在于，正是分忧的需要促成了君臣之间的友情。一目了然的是，结交臣下的不光是那些软弱冲动的君王，还包括古往今来最为贤明的一些英主。他们往往与一些臣仆结为知交，自己对这些臣仆朋友相称，还允许其他人把这些臣仆称为君王之友，使用这个通常只适合私人关系的字眼。

执掌罗马国政的时候，鲁修斯·苏拉把号为“伟人”的庞培[7]捧上了天，以至

6.“分忧者”原文为拉丁文。据古罗马历史学家卡西乌斯·狄奥（Cassius Dio，155—235）的《罗马史》（*Roman History*）第五十八卷所载，古罗马皇帝台伯留（Tiberius，前42—37）曾把“分忧者”的称号赐予大将塞扬努斯（Sejanus，前20—31），动不动就称后者为“我的塞扬努斯”。但台伯留这么做只是为了麻痹对方，塞扬努斯最终被元老院处死。

7.苏拉（Sulla，前138？—前78）和庞培（Pompey，前106—前48）均为古罗马将领及政客，庞培曾是苏拉的部将，在公元前82年的罗马共和国内战当中立下大功，由此获得“伟人”（the Great）称号。

于庞培吹嘘自己比苏拉还强，例证则是庞培不顾苏拉的反对，帮自己的一个朋友争来了执政官的头衔，苏拉心有不甘，口出激烈之言，庞培便反唇相讥，言下之意是苏拉应该闭嘴，因为崇拜朝阳的人多，崇拜落日的人少。[8]尤利乌斯·恺撒对德西穆斯·布鲁图十分器重，竟至于立下遗嘱，将此人指定为排名仅次于自己侄孙的继承人。[9]恺撒对此人言听计从，但正是此人把恺撒送上了死路，因为恺撒看到了一些不祥之兆，尤其是卡普尼娅的噩梦，本打算取消元老院的会议，此人却挽住恺撒的胳膊，轻轻地把恺撒从椅子上搀起来，说他希望恺撒去开会，不能等卡普尼娅做了好梦再开。[10]恺撒对此人实在宠信，以至于安东尼[11]在一封信里把此人称为巫师，意思是恺撒受了此人的蛊惑。西塞罗在他的一篇“菲

此处引文出自普鲁塔克的《希腊罗马名人传》“庞培传”(Life of Pompey)。据该书所载，这句话的由头并不是执政官之事，而是庞培自恃功高，要求为自己举行一场凯旋庆典。苏拉起初不同意，庞培便出言不逊，把自己比作朝阳，把苏拉比作落日（苏拉比庞培年长三十岁左右）。

尤利乌斯·恺撒（Julius Caesar，前100—前44）为古罗马将领及政客，罗马帝国的奠基者，世称“恺撒大帝”；德西穆斯·布鲁图（Decimus Junius Brutus，前85？—前43）为古罗马政客及将领、恺撒的亲信，后来参与了刺杀恺撒的密谋；恺撒的侄孙即屋大维（Augustus Caesar，前63—14），被恺撒收为养子，于公元前27年成为罗马帝国的开国皇帝。

据普鲁塔克《希腊罗马名人传》“恺撒传”（Life of Caesar）所载，反对恺撒的阴谋分子以开会为由骗恺撒去元老院，打算借机行刺。恺撒的妻子卡普尼娅（Calpurnia）梦见家里的三角楣崩裂掉落，于是劝恺撒不要去开会。考虑到妻子的噩梦和占卜师的说辞，恺撒打算取消会议。德西穆斯·布鲁图说动恺撒去开会，恺撒随即遇刺。

11. 安东尼即马克·安东尼（Marcus Antonius，前83—前30），为古罗马政客及将领，在恺撒死后曾与屋大维共治罗马。

力比克演讲”[12]当中逐字引述了安东尼的这封信。

屋大维把出身卑微的阿格里帕提升到无比显赫的位置，以至于当他与迈西纳斯商量女儿朱莉亚的婚事时，迈西纳斯竟然告诉他，既然他给了阿格里帕这么大的权势，那就只能把女儿嫁给阿格里帕，要不然就得把阿格里帕处死，没有第三条路可走。[13]塞扬努斯在台伯留的朝中享尽尊荣，使得众人都把他俩称作一对朋友，心里也认为这是事实。台伯留曾在给塞扬努斯的信中写道，念及我俩的友情，这些事我都没瞒着你。元老院更是全体倡议把“友谊”奉为一位女神，为她建造一座祭坛，以此纪念他俩的深挚友情。[14]塞普提米乌斯·塞维鲁与普劳提亚纳斯之间也有类似的友情，甚或犹有过之，因为塞维鲁强迫自己的长子娶了普劳提亚纳斯的女儿，经常帮着普

12.“菲力比克演讲”（Philippic）是指言辞激烈有如讨伐檄文的演讲，因古希腊政客及演说家狄摩西尼（Demosthenes，前384？—前322）抨击马其顿国王菲力浦二世（Philip II of Macedon，前382—前336）的激烈演讲而得名。恺撒死后，西塞罗模仿狄摩西尼的风格发表了十四篇抨击马克·安东尼的演讲，统称为“菲力比克演讲”，引述安东尼信件的演讲是第十三篇。

13.阿格里帕（Marcus Vipsanius Agrippa，前64？—前12）为古罗马政客、将领及建筑家，屋大维的密友，台伯留的岳父。迈西纳斯（Gaius Cilnius Maecenas，前68—前8）是屋大维的朋友及谋士。此处引文见于狄奥《罗马史》第五十四卷。屋大维最终命令阿格里帕与现任妻子（屋大维的甥女）离婚，以便迎娶屋大维的女儿朱莉亚（Julia）。

14.此处引语原文为拉丁文。塞扬努斯见上文注释，文中所说的事情见于古罗马历史学家塔西陀（Tacitus，56？—117？）撰著的《编年史》（*Annals*）第四卷。

劳提亚纳斯跟自己的儿子作对，还在给元老院的信中写道：我爱此人至深，愿他比我长命。[15]前面这几位君王如果是图拉真或马可·奥勒留的同类[16]，人们或许会认为此种友情出于仁厚的天性，然而，鉴于他们都是十分精明、十分强悍、十分严厉、极度自私的人物，个中缘由便可谓一目了然，也就是说，他们自身的幸福虽已达到凡人所能企及的顶点，但却依然是一件半成品，必须借助友谊来使之臻于完满。更能说明问题的是，这几位君王都有妻室子侄，亲情的慰藉却还是不能与友谊相提并论。

科米纳的相关记述同样值得铭记，据他所说，他的第一位主上“胆大者”查理公爵[17]从来不向任何人透露秘密，尤其是最为烦心的秘密。但他接着写道，到得后来，孤僻的性情损伤乃至毁坏了公爵的理智。[18]毫无疑问，如果愿意的话，科米纳完全可

5. 塞维鲁（Septimius Severus，145—211）为古罗马皇帝，公元193至211年在位；普劳提亚纳斯（Gaius Fulvius Plautianus，150？—205）为古罗马贵族，塞维鲁的密友，曾任禁卫军统领，后来阴谋作乱，被塞维鲁处死；此处引文出自狄奥《罗马史》第七十五卷。

16. 图拉真（Trajan，53—117）为公元98至117年在位的古罗马皇帝，马可·奥勒留（Marcus Aurelius，121—180）为公元161至180年在位的古罗马皇帝，名著《沉思录》（*Meditations*）的作者。这两个皇帝都以仁善贤明著称。

17. 科米纳（Philippe de Commines，1447—1511）为法国政客及历史作家，以《科米纳回忆录》（*The Memoirs of Commines*）记述了自己的政坛见闻；“胆大者”查理公爵（Duke Charles the Hardy）即勃艮第公爵查理（Charles the Bold，1433—1477），拥有“胆大者”“可怖者”等绰号，科米纳于1468年成为他手下的骑士。

18. 此处引文出自《科米纳回忆录》。

以把同样的评语送给他的第二位主上路易十一[19]，后者也因性情孤僻而备受折磨。毕达哥拉斯的警句虽然晦涩难解，却可谓一语中的：勿食心。[20]说句不客气的话，人若是没有可以倾吐心声的朋友，无疑等同于以自己心灵为食的吃人生番。最奇妙的事情（我将以此为友谊之树的这枚嘉果作结）则是，向朋友敞开心怀可以造成一正一反两个效果，一是欢乐倍添，一是烦忧减半，原因在于，与朋友分享欢乐的人无不觉得欢乐更添，向朋友倾诉烦忧的人无不觉得烦忧顿减。由此可见，就功效而言，友谊之于人心，正如炼金术士的石头[21]之于人体，术士们总是标榜，他们的石头虽然会造成种种彼此相反的效果，种种效果却都有益于事物的本性。说到这一点，即便不把炼金术士拉来帮腔，普遍的自然现象也为我们提供了明白生动的例证，因为纵观自然万物，聚合的状态

19.路易十一（Louis XI，1423–1483）为1461至1483年在位的法兰西王。科米纳于147年转投路易十一。

20.据拉尔修斯《大哲生平》所载，毕达哥拉斯曾告诫弟子“勿食动物心脏”，但这句话似乎只有字面意义。普鲁塔克在《道德小品》“论儿童教育”（*The Education of Children*）中把这句话阐释为“勿食心，意即不可让忧虑啃啮心灵。”

21.“炼金术士的石头”即西方传说中的“哲人石”（Philosopher's stone），据称可以点铁成金，还能治愈一切疾病。

总是能增强并助长一切合乎本性的演变，同时削弱并抑制一切扰乱本性的冲击：心灵的聚合也是如此。

友谊之树的第一枚嘉果是调护情感的妙药，第二枚嘉果则是补益理智的灵丹，因为友谊不光能把情感的狂风暴雨变作和风丽日，还能把思维的混沌暗夜变作理智的朗朗天光。理智的补益并不只是指从朋友那里收到的忠告，原因是毫无疑问，早在朋友提出忠告之前，思绪繁乱的人就可以通过与朋友的交谈理顺思维，打开思路，使自己的思绪更易驾驭，更有条理，看清自己的思绪形诸言语的模样，最终得到智力上的进益。就这个方面而言，一小时的交谈比一整天的苦思更有帮助。向波斯王进言的时候，狄米斯托克里说得好：言辞好比摊开的阿赫斯挂毯，图案历历可览，思绪却好比堆叠的挂毯，图案无由得见。[22]除此而外，第二枚友谊嘉果的益智之用，并不仅仅来自那些有能力提供忠告的朋友（这类朋友当然是最佳选择），即便朋友没有这样的能力，人们依然可以通过朋友来了解自己，理清自己的思绪，把他们用作砥砺才智的磨石，哪怕磨石本身并不锋利。简言之，就算是把心事说给一尊雕像，或者是一幅图画，收效也胜于把想法闷在心里。

为了充分阐明第二枚友谊嘉果的性质，我还想补充说明它那个众人皆知的明显益处，也就是朋友的忠告。赫拉克利特[23]有一句切中肯綮的玄奥之言：干燥之光永是最好。[24]毋庸置疑，各人的认识与判断之光难免沾染自身的情感与习惯，与之相较，来自他人的忠告之光更显得干燥纯净。友朋忠告迥异于谄媚之言，与每个人自己的意见也有同样巨大的差异，原因在于，对一个人谄媚

22. 此处引文源自普鲁塔克《希腊罗马名人传》“狄米斯托克里传”（*Life of Themistocles*）。狄米斯托克里见前文注释，这里说的是他流亡波斯期间的事情；阿赫斯（Arras）为法国北部城镇，曾以织造挂毯闻名。

23. 赫拉克利特（Heraclitus，前535？—前475？）为古希腊哲学家，“人不能两次踏进同一条河流”便是他的名言。他有“晦涩者”（The Obscure）及“哭泣哲人”（Weeping Philosopher）之称，前者是因为他的学说矛盾难解，后者是因为他总是哀叹人类的愚蠢。

24. 这句话的原文是“Dry light is ever the best”，培根在他编著的《古今格言》（*Apophthegms New and Old*，1624）当中也引了这句话，引文作“The dry light was the best soul”（干燥之光是最好的精魂）。培根在《古今格言》当中解释说，所谓“干燥之光”指的是未受情感污染的纯净理智。赫拉克利特的原话是希腊文，按照一些西方学者的看法，这句话在转译的过程中失去了本来面目，正确的译文应该是“The dry soul is the wisest”（干燥的精魂最为睿智），因为赫拉克利特认为人的精魂由高贵的火元素和卑贱的水元素构成，火元素比重大的精魂就是“干燥的精魂”。

最甚的莫过于这个人自己[25]，疗治自我谄媚的良药则莫过于朋友的谏诤。忠告分为两种，一种涉及品行，一种涉及事务。就第一种而言，维持心智健全的最佳药物正是友朋的恳切告诫。严厉的自我咎责不失为一味良药，有时却过于苦口锥心，若是阅读劝善之书，未免略嫌无聊乏味，若是以他人为前车之鉴，有时也与自己的情形不相吻合。如此说来，最好的药剂（“最好”的意思是疗效最佳、药力最长）还是朋友的规劝。让人瞠目结舌的是，许多人（尤其是显赫之人）都因缺少诤友而铸成种种大错，行下种种荒唐透顶之事，终至身败名裂，因为他们正如圣雅各所言，时或对镜照影，转身就忘了自己的身形面貌。[26]

说到有关事务的忠告，人们尽可以认为，两只眼睛并不比一只眼睛看得多，当局者总是比旁观者看得透，也可以认为，无论

25.普鲁塔克在《道德小品》“如何区分朋友和谄媚者”（*How to Tell a Flatterer from a Friend*）中说，谄媚者可以利用“人们的自恋心理，由于这种心理的存在，每个人都变成了自己的首席及最大谄媚者，并且乐于让其他的谄媚者……来为良好的自我感觉提供见证和肯定”。

26.此处引文源自《新约·雅各书》。《雅各书》原文是：“闻道而不行道，好比对镜省察本来面目之人，转身就忘了自己的相貌。”

是怒火中烧之时还是念完二十四个字母[27]之后，人都是一样理智，无论是端在手里还是支上托架，火枪都是一样精准，还可以抱持其他一些同样愚蠢荒唐的幻想，认为自己可以单枪匹马完成一切。但是归根结底，办事成功还是要靠忠告的帮助。有的人认为自己确需征求旁人的意见，只不过应该采取零敲碎打的方式，就这件事征求这个人的意见，又就那件事征求那个人的意见，这样的想法也算不错，兴许比一意孤行要好。话又说回来，这样的人会面临两种风险，一是收到别有用心的意见，因为除了至忠至诚的朋友之外，其他人的意见很少不掺杂这样那样的私心，由此便不尽不实，二是提意见的人虽然存心良善，提供的却是包藏祸患、利弊参半的意见，情形正如请医生来看病，医生虽然以擅长疗治你所患疾病闻名，但却不了解你的体质，由此便很有可能头痛医头，损害其

27. 当时的英文“i”和“j”不分，“u”和“v”也不分，英文字母表只有二十四个字母。另据普鲁塔克《道德小品》“罗马格言”（*Sayings of Romans*）所载，屋大维的老师、古罗马哲学家阿塞诺多鲁斯（Athenodorus Cananites，前74？—7）曾告诫屋大维，发怒时不能急于说话或行动，应当先把希腊文字母表的二十四个字母念完。

他方面的健康，最终造成疾愈人亡的恶果。与此不同，朋友对你的情况了如指掌，提意见的时候就知道小心谨慎，不会在解决眼前问题的同时造成其他的麻烦。由此可见，人们切不可依赖零敲碎打的意见，它们的作用往往是搅乱局面，误导事主，而不是澄清事态，指明方向。

前述的两枚嘉果（亦即稳定情绪和补益理智）之外，友谊之树还有一枚嘉果。这枚嘉果好比石榴，包含着无数籽粒，我这个说法，指的是朋友在一切事务和场合当中的协助和参与。若要准确认识友谊的这种多重功效，最好的方法莫过于仔细掂量，世上有多少事情不能靠自己去做。掂量过后，我们必然会觉得，*朋友是另一个自己*这句古语[28]说得过于轻描淡写，原因是朋友的作用，远远大于我们自己。人生有限，死时往往会有一些念念不忘的未了心愿，比如尚待安排的子

28. 有不少古人说过这样的话，比如毕达哥拉斯和亚里士多德，本书收录的西塞罗和蒙田文章中也有类似的说法。

女，尚待完成的事业，如此等等。若是拥有一位真正的朋友，人们便知道这些事情身后有托，可以安然瞑目。由此可见，就完成心愿而言，拥有朋友不啻于拥有两次生命。人只有一个身体，而且分身乏术，但若是拥有友谊，所有的人生责任就都有了得力的帮手，因为朋友可以代行其职。对于顾及颜面与礼节的人来说，世上有多少事不能亲手做，有多少话不能亲口说呢？人们要想不失谦逊，便不能提起自己的功绩，更别说大肆吹嘘。除此而外，人们往往放不下脸面，做不出摇尾乞怜的事情。诸如此类的情形还有很多，但是，所有这些自己说了脸红的话语，到朋友嘴里就成了高贵的言辞。再者说，人一生要扮演许多个角色，每个角色都有硬性的要求，对儿子说话要像个父亲，对妻子说话要像个丈夫，对敌人说话则只能一板一眼，朋友却可以根据时势的需要说话，不必考虑角色问题。不过，这一类的例子实在是不胜枚举。至于演不好自己角色的时候该怎么办，我已经定下了一条规矩：若是没有朋友，最好退出舞台。

人生有限，死时往往会有一些念念不忘的未了心愿，比如尚待安排的子女，尚待完成的事业，如此等等。若是拥有一位真正的朋友，人们便知道这些事情身后有托，可以安然瞑目。

由此可见，就完成心愿而言，拥有朋友不啻于拥有两次生命。人只有一个身体，而且分身乏术，但若是拥有友谊，所有的人生责任就都有了得力的帮手，因为朋友可以代行其职。

梭罗

论

友谊

本文摘自美国作家亨利·大卫·梭罗（Henry David Thoreau，1817—1862）的《两河一周》（*A Week on the Concord and Merrimack Rivers*，1849）。这本书以作者与兄长约翰·梭罗（John Thoreau Jr.，1815—1842）在1839年八九月间的一次河上之旅为线索，阐发了作者对于自然、社会、历史、宗教和人生的诸多深刻认识。

一个人适合拥有友谊，证据之一便是他能够舍弃廉价的激情。真正的友谊，既温柔又睿智，双方默默地遵循爱的指引，不理会其他任何法则，任何善意。

它绝不夸张，绝不疯狂，它的话语却一言九鼎，足可刊于金石。它是更真的真理，更好更美的消息，岁月永不能使它蒙上污垢，也不能否定它的真实。它是一种植物，在冬夏交替的温带地区长得最是茂盛。

我们泛舟此河，远离亲友们临之而居的那条支流[1]，但我们的思绪依然像星星一样，从他们的地平线升起，因为我们和他们之间流淌着一种血液，比拉瓦锡发现其规律的那种血液[2]更为神妙，这种血液不单是亲缘之血，还是友爱之血，无论我们与他们相距多么遥远，它的脉搏依然怦怦跳动，永不停歇。

真正的友爱是一种圣洁的亲密，
并不植根于人与人的亲缘关系。
它是一种精神，不是血肉之亲，
它超越家族，也超越地位身份。[3]

许多年枉自徒然的熟识之后，我们会蓦然记起某个久远的姿势，或者是某个无意识的举动，这样的记忆带给我们的震撼，有甚于那些最为睿智或最为友善的话语。有时候，我

1. 梭罗兄弟此时泛舟于梅里迈克河（Merrimack River），“那条支流”指的是梅里迈克河支流康科德河（Concord River）。康科德河是美国马萨诸塞州东部的一条小河，流经梭罗的故乡康科德镇。

2. 拉瓦锡（Lavoisier，1743—1794）为法国化学家及生物学家，享有“现代化学之父”的美誉。梭罗说拉瓦锡发现了血液的规律，也许是因为拉瓦锡曾经指出，血液呈现红色是由于跟氧气结合的缘故。

3. 本文所引诗歌，除非另有说明，皆为梭罗自作。

们会由此意识到一份早已逝去的友爱，认识到在过往的一些时刻，友人对我们的看法是如此纯净，如此高尚，以至于像天堂之风一样，在我们不知不觉之中悄然拂过，认识到在过往的那些时刻，他们给了我们非分的礼遇，没有把我们当成我们自身，而是把我们视为我们立志追攀的楷模。也许要到这样的时候，我们才会猛然省觉，诸如此类无法忘怀也无从铭记的无言举动，究竟有多么高贵，继而想起自己当时的冷漠反应，禁不住不寒而栗，尽管我们会在一些姗姗来迟的顿悟时分，竭力清偿这样的情债。

以我的经验，个体的人一旦成为谈话的主题，通常就会变成一堆最为无趣、最为琐碎的事实，哪怕这样的谈话发生在朋友之间。每当我们开始评说个体的品行，宇宙便仿佛在顷刻之间宣告破产。我们的谈话无一例外地直奔诽谤的方向，越说越不宽容。到底是什么东西作祟，使得我们一有新交，便如此恶劣地对待旧友？管家婆说，我一辈子也没见过新陶器，可我照样动手打烂旧的。我说，我们还是换个话题，聊聊蘑菇，聊聊森林里的树木好了。话又说回来，在私下里想起故人，有时也无伤大雅。

不久之前，唉，我识得一位温柔少年，
他的风仪，无不出自美德女神的铸模，
女神铸造他，本来想送给美神做玩伴，
后来却派遣他，去守卫她自己的城垛。

他处处磊落光明，好似朗朗天光，
一望而知，他内心并不缺少力量，
因为墙垣与雉堞，永无其他用场，
只能去充当，软弱与罪孽的伪装。

恺撒南征北战，去劫掠声名的殿堂，

他辛苦赢来的胜利，其实不足挂齿，
换个角度来看，这少年才光耀四方，
他自身就是王国，无论他走到何地。

他的胜利，不花费分毫力气，
一切都是，送上门来的成功；
因为没有人能看见他的行迹，
除了这高贵主上的跟班扈从。

他突然袭来，有如缥缈的夏日岚烟，
将新鲜的风景，静静展现在我们眼前，
他在无声无息之间，缔造种种巨变，
不曾使诸天之下任何树叶，瑟瑟抖颤。

所以他到来之时，我不免措手不及，
竟至于全然忘记，表达我的崇敬；
如今我不得不承认，尽管我艰于启齿，
当初若爱他太浅，我实可爱他更深。

每时每刻，正当我们走近彼此，
繁文缛节，却使我们间阻更甚，
最终使得我们，仿佛远隔千里，
仿佛比初见的时节，更为陌生。

心有灵犀之时，我们合二为一，
以至无法达成，最简单的交易；
如今我们一分为二，不复一体，
纵使我们聪明睿智，又有何益？

永远不会再有，相聚的时机，
我只能孤身上路，形只影单，
悲伤地念记，我们曾经相遇，
明知道幸福已去，永不回还。

我的挽歌，从此只能唱给天宇，
因为挽歌，没有其他主题可用；

每一段乐曲，传到我的耳朵里，
全都变成，与伊人永诀的丧钟。

森林原野啊，快来咏唱我的悲剧，
让相宜的旋律，在你们当中萦回；
这般情境的哀伤，最是令我爱惜，
胜过其他场合，带来的一切欢愉。

如此说来，弥补损失已经为时太迟？
千真万确，距离已从我无力的掌中，
夺去空空的麸皮，攫走无用的稗子，
但我的手里，依然留有麦苗和谷种。

只要我热爱，与他一体的美好德行，
尽管美德，只是晨风里残留的芳馨，
我和他就依然是，真真正正的友人，
拥有凡尘俗世之中，最珍罕的共鸣。[4]

4.梭罗这首诗题为“共鸣”（*Sympathy*），最初出现在他1839年6月24日的日记当中，当时他初次遇见他毕生心仪的姑娘艾伦·苏厄（Ellen Sewall），以及艾伦的弟弟埃德蒙（Edmund）。诗中的“温柔少年”（gentle boy），有的西方学者认为是艾伦，有的认为是埃德蒙，还有的认为这首诗是梭罗对美好少年时光的追忆，“温柔少年”就是少年时代的梭罗自己。

在所有人的体验当中，友谊都是转瞬即逝的事物，日后回想起来，仿佛是过往夏季的无声闪电。它又像夏日的云彩，美丽却倏来倏去；干旱持续得再久，空气中终归会有些许水汽，哪怕是在四月里，照样有下阵雨的日子。友谊的残丝断缕既然从未远离，无疑会不时飘过我们的天际。它必然萌生，就像从无数种不同土壤萌生的植被，因为自然法则便是如此，但它从来不会有恒定的形态，尽管它与日月一样古老，一样熟悉，一样是笃定重来。人的心灵，永远青涩稚嫩。这些永不落空、从不欺诳的幻影，魔法般地悄悄聚集，就像最平静最晴朗的日子里，那些好似羊毛的明亮云缕。朋友是一座棕榈成林的美丽浮岛，跟太平洋里的水手捉着迷藏。水手得经历无数的危险，得穿越无数的二分风暴[5]和珊瑚暗礁，然后才能赶趁恒定的信风，踏上顺利的航程。可是，只要能抵

5. 由于气候原因，西方人历来认为春分秋分是暴风雨肆虐的时节，因而有“二分风暴”（equinoctial storm）的专门说法。

达传说中那个清修隐士栖居的幽美海滨，谁不愿扬帆穿越哗变与风暴，甚至穿越大西洋的滚滚波涛？人们的想象，依然紧抱着那个再虚幻不过的传说故事，故事讲的是：

亚特兰泰兹[6]

遭受压制的友爱河川，滚滚流淌，
比地狱火河位置更低，光焰更亮，
像浩瀚大海一样，使我们与世隔离，
化作传说当中，大西洋的神秘岛屿。
从来没有人，到达我们的传奇海岸，
从没有哪个水手，找到我们的海滩，
如今人们只能看见，我们的蜃景，
看见我们周围的波涛，浮载绿荫，
但那些最古老的地图，依然用虚线，
将我们所在海域的轮廓，大致呈现；
古昔时代，仲夏时节的日子里，
我们曾将自己，云雾一般的朦胧岸隅，

6. 亚特兰泰兹（Atlantides）即赫斯帕里德斯（Hesperides），是古希腊神话中多个女仙的合称。她们看管的园圃出产吃了可以长生不老的金苹果，据说位于极西之地，在后世成为乐土的代称。梭罗的《瓦尔登湖》也提到了“赫斯帕里德斯之园”。

呈现给一座又一座，西方的岛屿，
任由特内里费和亚速尔[7]，久久凝视。

荒凉的岛屿啊，可你们并未沉入水中，
你们的海岸，不久就会堆满商业的笑容，
不久你们就会，向人们供应，
远比非洲和马拉巴[8]丰富的货品。
你们闻名已久却从无人迹的海岸，
永远美丽，永远丰饶多产，
各国的大君小王，必定会你争我抢，
看谁不惜把王冠珠宝，送去典当，[9]
然后派人在你们的海岸，抢先登陆，
把你们的遥远土地，宣布为他们的领土。

依靠航海罗盘的帮助，哥伦布曾经航行到这些岛屿的西边，只不过，他和他的后继者都没能发现这些岛屿。今天的我们，离这些岛屿并不比柏拉图更近[10]。就这片新大陆

7. 特内里费（Teneriffe）是大西洋上加那利群岛中最大的一个岛屿；亚速尔（Azores）是北大西洋上的一个群岛。

8. 马拉巴（Malabar）是印度南部一个地区的名字，也可泛指印度半岛西南海岸。

9. 西班牙女王伊莎贝拉一世（Isabella I，1451—1504）曾为筹集军费而典当王冠珠宝，还曾表态支持哥伦布探险，说如果国库的钱不够，她可以典当自己的珠宝。

10. 梭罗在这里提及柏拉图，是因为亚特兰蒂斯（Atlantis）的传说。亚特兰蒂斯是西方人自古以来津津乐道的一个神秘岛屿或大陆，据说沉没在大西洋底，关于它的最早记载见于柏拉图《对话录》“蒂迈欧篇”（*Timaeus*）和“克里特雅斯篇”（*Critias*）。根据亚特兰泰兹传说的另一个版本，亚特兰泰兹一族是亚特兰蒂斯最早的主人。

而言，态度最认真的搜寻者，以及希望最大的发现者，总是盘桓在自身所处时代的边缘，总是一步不停地穿过最稠密的人群，走的是一条笔直的路线。

海洋陆地只是他的邻居，
只是他劳作之时的伴侣，
在大洋的边缘，坚实大地的尽头，
他经年累月，恳切寻觅他的朋友。
许多人深居遥远的内陆，
他却坐在海滨享受孤独。
无论在忖度人物或书籍，
他总是向大海久久凝视，
他随时关注海上的新闻，
还有最微弱的闪光隐隐，
他从陆地居民的每句谈话，
感受到海风拂上他的面颊，
从每一个同伴的眼底，

看到航行船舶的踪迹；
他从浩瀚大洋的怒吼声里，
听到远方港埠传来的消息，
听到遥远海岸的船难，
听到往昔岁月的探险。

走在平原之上，谁不会恍然觉得，自己是走在沙漠之城达莫[11]的列柱之间？大地之上，找不到任何由友谊确立的制度，任何宗教都不宣讲友谊，任何经书都不包含友谊的真谛。友谊没有庙宇，连一根孤零零的廊柱也没有。传言说大地满布人烟，失事的水手却没能在海滩上找到哪怕一个脚印，猎手找到的也只是陶器的残片，以及往日居民的墓碑。

然而，我们的命运好歹具有社会性。我们的道路，并不曾各奔东西，命运之网不光经纬交织，而且密密匝匝，我们被命运抛

11.达莫（Tadmor，梭罗写作Tadmore）是《圣经》对叙利亚古城帕尔迈拉（Palmyra）的称谓。据《旧约·列王记上》所说，达莫是所罗门在荒野中建造的城市。

掷，在中心越陷越深。人们畏畏缩缩却自然而然地寻求这样的同盟关系，他们的行动也隐约预示了它的到来。我们倾向于强调事物之间的相似性，而不是差异性，评判异体温度的时候，我们说人的正常体温之下还有多种程度的温暖，却不说体温之上存在任何程度的寒冷。[12]

孟子说："一只鸡或一只狗丢了，人完全知道怎么把它找回来；心灵的情感丢了，人却不知道怎么去找……人生哲学没有规定别的义务，只要求我们把丢失的心灵情感找回来。"[13]

不时会有一两个人来我屋里作客，因为这里为他们提供了一丁点儿交流的机会。他们有满肚子的话想说，但却少语寡言，静等着我的琴拨，拨动他们那把竖琴的丝弦。要是他们有机会谈起他们做梦都想谈的那个话

12.这句话出自梭罗1840年6月17日的日记。日记当中，"差异性"之后的文字是这样的："我们只想知道事物跟我们有什么关系，不想知道它是不是全然陌生的东西。我们把温度比我们低得多的异体称为温暖事物，从不把温度比我们高的异体称为寒冷事物。人的正常体温之下还有多种程度的温暖，体温之上却没有任何程度的寒冷。"

13.引文原文是梭罗的法文英译，依据的法文原本是法国诗人及东方学者纪尧姆·鲍狄埃（Jean-Pierre Guillaume Pauthier，1801—1873）的《孔孟：中国道德及政治哲学四书》（*Confucius et Mencius: les quatre livres de philosophie morale et politique de la Chine*，1841）。这段话出自《孟子·告子上》，《孟子》原文是："人有鸡犬放，则知求之；有放心，而不知求。学问之道无他，求其放心而已矣。"梭罗（鲍狄埃）译文的意思与孟子原文不完全一致。

题，就此说出或听到哪怕一句完整的话，那该有多好！他们说起话来如同耳语，绝不会逼得别人非听不可。他们听到了某个非同小可的消息，任何人，包括他们自己在内，都不可以到处去说。他们听到的消息是笔财富，尽可以带在身边，变着方儿地花费。他们到底来干什么？

再没有哪个词比“友谊”更经常地挂在人们嘴边，实在说来，也没有哪个梦想比友谊更频繁地萦绕在人们心间。所有的人都渴望友谊，友谊的戏剧天天上演，哪怕它总是结局悲凉。友谊是宇宙的奥秘。你不妨穿城过镇，你不妨走乡串村，所有地方的人都不会说起友谊，所有地方的思绪却都围着它不停打转。友谊的前景，影响着我们应接所有陌生男女的举止，也影响着我们对待许多熟悉面孔的态度。然而照我的记忆，全部文学作品当中，以友谊为主题的不过是两三篇随笔而已。[14]不足为奇的是，神话、《天方夜谭》、莎士比亚戏剧和司各特小说[15]可以使我们心醉神迷，原因在于，我们自己也是诗人、寓言家、剧作家和小说家。我们一刻不停地充任角色，出演一部比任何剧作都更为有趣的戏剧，想象我们的朋友都是我们的大写**朋友**，我们自己也是朋友们的大写**朋友**，而我们现实中的朋友，不过是我们誓死效忠的那种朋友的远亲而已。我们与朋友的交流，很少会达到我们自己的思想感情几乎整日盘桓的那个高度，这种层次的对话，一辈子也超不过三句。你走上前去，准备道一声“亲爱的朋友们！”说出口来的问候语却是，“瞎眼的狗贼们！”[16]这倒也无伤大雅，小器鬼从来都没有真正的朋友。我的朋友啊，但愿能有那么一次，你是我朋友的时候，我也是你的朋友。

如果友谊得不到生根发芽的时间，总是

14. 西方历史上论述友谊的随笔名篇，代表便是本书收录的前三篇文章。

15.《天方夜谭》（*Arabian Nights*）即《一千零一夜》，为中东及南亚民间故事集，成书于八至十三世纪；司各特即沃尔特·司各特（Walter Scott，1771—1832），苏格兰作家及诗人，经典历史小说《撒克逊劫后英雄略》（*Ivanhoe*，1819）的作者。

16. “瞎眼的狗贼们！”原文为“Damn your eyes！”，直译可为“瞎了你们的狗眼！”实际意义等同于“Damn you！”亦即“去你的吧！”

被摆在种种无足轻重的义务和关系后面，心里装着再多的友爱，又能有什么用处？友谊第一，友谊第末。然而，一边忽略朋友，一边又要求朋友达到我们的期望，同样是一件不可能的事情。总是要等到朋友们开口道别，我们才真正开始与他们相伴相随。多少次，我们发现自己冷落现实中的朋友，就为了去晤见他们在我们理想中的投影。但愿我能够符合随便哪个人的期望，配得上做他的朋友。

众人锡之以“友谊”嘉名的事物，绝不是一种十分深沉、十分强大的本能。归根结底，人们并不会向朋友付出深挚的爱。我并不经常看见，农夫们因彼此间的友谊变成先知，智慧增长到接近疯狂的地步。他们相聚相伴之时，并不经常在爱的洗礼下脱胎换骨。我从未发现他们受益于某人的爱，由此变得纯洁、优雅、高尚。谁要是给自家的木材减点儿价，或者在村镇会议上投邻居一票，或者给邻居一篮苹果，又或让邻居频繁借用自家的大车，大家便认定这是千载难逢的友谊范例。农夫们的妻子，过的同样不是献给友谊的生活。我从未看见任何一对农夫朋友，无论是男是女，拥有与全世界为敌的勇气。这样的朋友，整个历史上也只有两三对。说某人是你的朋友，通常的意思不外乎此人不是你的敌人，仅此而已。大多数人只知道盘算友谊附带的芝麻绿豆，想着朋友可以在急难之时提供财物、势力或建议，给自己一点点帮助，然而，眼睛里装满了友谊带来的此类好处，足证此人看不见友谊的真正裨益，或者说实实在在对友谊本身毫无体会。跟友谊永无间断、涵盖一切的效用相比，这些都只是一时一地的鄙陋功利。即便是最大限度的好意、和谐和现实友爱，依然不足以称之为友谊，因为朋友之间还有此起彼伏的旋律，并不像有些人说的那样，只有同时奏响的和声。我们并不指望朋友为我们的身体提供衣食，因为邻居的善意足可保证我们有吃有穿，却指望朋友为我们的精神带来饱暖。就这个方面而言，很少有人足够富裕，无论他们的心地多么良善。大多数情况下，我们头脑愚钝，会把一个人混同于另一个人。蠢人只能区分不同的种族或民族，至多能区分不同的阶级，智者却可以区分不同的个体。朋友可以从朋友的一颦一笑、一举一动当中看出朋友的独特品性，由此使朋友的个性得到彰显，得到改进。

想想吧，友谊对人的修养具有多么重大的意义。

同时拥有爱和判断力的人，
看得比其他任何人更真。[17]

17. 引文出自英格兰诗人马修·罗伊登（Mathew Roydon，？—1622）的《挽歌；或由他的〈爱星者〉生发的深挚友爱》（*An Elegy; or, Friend's Passion for his Astrophel*）。这首诗写在英格兰诗人菲利普·西德尼（Philip Sidney，1554—1586）去世之时，《爱星者》指西德尼的组诗《爱星者与星》（*Astrophel and Stella*）。

友谊使人诚实，使人成为英雄，成为贤圣。它是义士与义士、仁者与仁者、君子与君子、人与人之间的交道。

另一位诗人说得好：

美德清单之中，不闻有爱的名目，
只因爱是所有美德，凝成的事物。[18]

慈善家、政治家和管家婆致力革除的一切恶习，全都会在朋友交往当中，不知不觉地消弭于无形。朋友无时不刻高看我们，期望我们具备所有的美德，并且懂得欣赏我们身上的美德。讲真话需要两个人，一个人说，另一个人听。面对冥顽木石，哪还有施行仁义的余地？我们如果只跟虚伪的骗子打交道，总有一天会丧失讲真话的能力。心中充满友爱的人，才懂得真话的价值与仁慈，而商贩只看重一种廉价的诚实，邻居和熟人只

18. 引文出自英格兰诗人约翰·多恩（John Donne，1572—1631）的诗体书信《致亨廷顿伯爵夫人》（*To the Countess of Huntingdon*）。

看重一种廉价的礼数。在我们与他人的日常交往当中，我们那些较为高贵的禀赋不得施展，只能在蛰伏状态下生锈发霉。没有人抬举我们，指望我们行止高贵。我们明明有金子可以奉献，但他们只要黄铜。我们恳请邻居大人大量，允许我们以真实、诚挚、高贵的方式对待他，可他敬谢不敏，因为他耳朵背，压根儿听不见我们的祈求。实际上，他这是告诉我们，你们只管把我当成一个诡诈下流、虚伪自私的家伙，拿“我应得的待遇”来打发我，我也就心满意足了。大多数情况下，我们满足于如此待人，也满足于被人如此对待，认定大多数人只能如此交往，不可能建立较比真诚、较比高贵的关系。一个人可能会拥有所谓的**好**邻居和**好**熟人，甚至会拥有**好**伙伴，**好**妻子，**好**父母，**好**兄弟，**好**姊妹和**好**子女，然而追根究底，这些人对待他的方式，以及他们对待彼此的方式，依据的也只是前述的假定。政府不但不要求它的成员奉行公义，反倒认为它可以实现繁荣昌盛，哪怕公义程度低得不能再低，与流氓无赖相去无几。邻里和家庭，与政府如出一辙，就连通常所称的友谊，也只是多了一点点义气的流氓交情而已。

但在有些时候，我们据说会**爱**另一个人，亦即与对方肝胆相照，赠出我们的最好，收得对方的最好。人与人之间若有温暖的真诚，便会有爱，而我们越是以诚相待，越是相互信任，我们的生活便越是神奇美妙，越是契合我们的理想。我们与凡俗男女的交往当中，往往有一些任何预言也不曾预报的友爱片段，这些片段超越我们的尘世生活，向我们预示了天国的到来。这样的爱与任何神祇一样神圣，可能会在戈夫斯顿[19]的一个平凡日子里，在凡俗之眼认定宇宙覆满尘土的时分，突然在我们身边降临，为我们

19. 戈夫斯顿（Goffstown）为新罕布什尔城镇，位于梅里迈克河畔，是梭罗此时行经的地方。

揭示一个美好清鲜、永恒不朽的崭新世界，一个没有爱便无法企及、事实上也无法存在的世界，用它来取代这个陈旧的世界，这样的爱，究竟是怎样的事物？我们甚至会问，除了由爱激发的话语之外，还有什么话语值得铭记，值得反复念诵？这些话语竟然有宣诸于口的时候，实在是一件奇妙的事情。它们确乎寥若晨星，确乎难得听闻，但却宛如优美的旋律，被记忆不断重复，不断调谐。其他的一切话语，则随同蒙蔽心灵的灰泥，片片剥落，分崩离析。此时此刻，我们不敢出声重复这些话语，因为我们并不具备随时聆听这些话语的能力。

供年轻人阅读的各种书籍，大讲特讲**择友**之道，原因不过是它们讲不出**朋友**之道，讲的仅仅是搭档和亲信。“要知道，敌人和朋友虽然是两种对立的事物，却都是出自真神的意愿。”[20]友谊只会出现在天性契合的人

20. 引文出自英国学者詹姆斯·罗斯（James Ross，1759—1831）于1823年出版的《蔷薇园》（*Gulistan*）英译本。《蔷薇园》是十三世纪波斯诗人萨迪（Saadi）的哲理诗文集，为波斯文学经典，在西方世界也有很大的影响。

之间，是一种纯由自然、必定产生的结果。再怎么高声表白，再怎么大献殷勤，都不能带来友谊。刚开始的时候，友谊必定是连言语也不需要，言语只会在沉默之后出现，好比接穗上的芽苞，要到嫁接完成许久之后才会绽成叶片。友谊是一场双方都无需扮演任何角色的戏剧，就这个方面而言，我们都是穆斯林，都相信命由天定。心里没底的焦躁情侣，总以为每次见面都必须说点儿体己的话，做点儿贴心的事，任何时候也不能冷对彼此。朋友却不会做他们**以为**必须做的事，只做他们**必须**做的事。对他们来说，就连他们之间的友谊，某种程度上也只是一种令人激赏的现象而已。

永不丧失希望的真朋友，会对朋友说一些这样的话：

“我从未请求你准许我爱你，因为我本来就有爱你的权利。我爱你，不是把你当作

你的所有，当作一件属于私人的个别事物，而是把你当作**我的发现**，当作一件值得爱的普遍事物。啊，我眼中的你何等伟大！你的美好一尘不染，你的美好无穷无尽，我可以信任你，直到永远。以前我从未想到，人性竟然如此丰盈。给我一个生活的机会吧。”

“你是虚构世界里的唯一事实，是比任何虚构更奇异、更令人赞叹的真相。答应我，只做你自己。唯有我，绝不会阻挠你保持本色。”

“这便是我的愿望：亲近你，亲近得像我俩的灵魂，同时又敬重你，像敬重我的理想。永不以言行乃至思想亵渎彼此。若有必要，我俩可以彻底不相往来。”

“我已经找到了你，你如何还能从我面前隐去？”

朋友不求回报，只求对方虔敬地收下并佩戴自己赠予的光环，不使这光环蒙上污垢。朋友珍视彼此的希望，善待彼此的梦想。

尽管诗人有云，“友谊的第一要义是说好话”[21]，但我们绝不能赞美朋友，不能认为他值得赞美，也不能让他以为，他可以通过任何**行为**取悦我们，他给我们的**对待**可以达到足够好的程度。那样的友好举动在别处备受推崇，但却与友谊最不兼容，因为对朋友最大的冒犯，莫过于刻意示好，莫过于并非天性使然的故作友善。

由于身体上的永恒差异，两性之间自然会产生最为强烈的相互吸引，普遍说来，两性也笃定会成为彼此的辅翼。男人吸引女人来关注自己感兴趣的东西，是一件多么自然、多么容易的事情。文化相当的男女一旦有缘相遇，必定能对彼此有所助益，效用有胜于男人之间的交流切磋。男女之间的交往，如今已有了一种合乎天理的公平与开明，而且我认为，任何男人都乐意拿上自己心爱的

21. 引文源自约翰·多恩的诗歌《致克里斯托弗·布鲁克先生》（*To Mr. Christopher Brook*），多恩的原句是：“友谊的第一要义是只说好话。”

书籍，去某个知识女性圈子里朗读，比在同性圈子里交流还要自信。男人造访男人，往往形成一种打扰，两个不同的性别，则天生期待彼此的探望。尽管如此，友谊终归与性别无关，异性之间的友谊，或许比同性友谊更为罕见。

无论如何，友谊始终是一种绝对平等的关系，必须借一些外在的标记来昭示双方权利和义务的对等，不可能把这类标记一概摈除。贵族永远不可能从门客当中找到朋友，君王也不可能结交臣民。两个朋友并不需要在所有方面旗鼓相当，但却必须在关涉或影响友谊的各个方面平起平坐。此方之爱，必须与彼方之爱铢两悉称，惟妙惟肖。人不过是盛装爱之甘露的容器，流体静力学佯谬[22]则象征着爱的法则。爱会在所有人的胸膛里找到自己的水平面，上升到与源头一样的高度，爱的水柱再怎么细小，依然可以托举大

22. 流体静力学佯谬（hydrostatic paradox）是一种流体静力学现象，即容器中静止流体的压力只与流体的高度有关，与流体的体积和容器的形状无关。由于这种现象的存在，极少量的水也可以产生足以支撑巨大重量的压力，只要水体的高度足够大。

洋的重量。

牧人也有爱的能力，

与显赫的贵族无异。[23]

就友谊而言，一个性别并不比另一个性别温柔。英雄之爱，与少女之爱一般细腻。

孔夫子说："无友不如己者。"[24]友谊之所以功德无量，永恒不朽，正是因为它产生在一个更高的层面，产生在一个双方看似无法凭现有品格企及的境域。友谊的光辉照向我们，划出一道奇妙的曲线，使得我们遇见的每一个人，身量都显得比实际高了一点。礼貌的基础由此奠定。我的朋友，便是我可以寄托最美好设想的那个人。不在一起的时候，我总是假想他正在从事某种工作，手头的事情比我见过他从事的任何工作都要高贵，我还会假想，他奉献给我的时间，全都

23. 引文出自传为英格兰诗人法尔克·格瑞维尔（Fulke Greville，1554—1628）所作的《外一首：关于他的辛西娅》（*Another, of His Cynthia*）。

24. 引文原文是梭罗对鲍狄埃《孔孟：中国道德及政治哲学四书》相应文字的英译。这句话出自《论语·学而》。

是他从某种更高等的社交生活里挤出来的。我从朋友那里领受过的最大侮辱，便是他当着我的面，以一种只有靠多年的廉价交情才能积成的熟络，恬不知耻地纵容某人的过恶，同时又依然用朋友的口气跟我说话。当心啊，千万别让你的朋友放宽标准，最终学会容忍你的哪怕一个弱点，由此给你的爱竖起一道前进的障碍。有时候，连朋友也会使我们心生厌倦，而我们不可避免地堕入困境，开始与朋友相互亵渎，这时候，我们必须虔敬地遁入孤独与沉默，以便修养自身，准备投入更为崇高的亲密关系。沉默是朋友交道里的仙乡良夜，彼此的挚诚可借此恢复元气，把根子扎得更深。

友谊从来不会是一种一清二楚的明确关系。难道你要求我减少对你的友情，好让你看清我们的友谊？另一方面，我又有什么权利认定，另一个人会对我保有如此珍贵的一份感情？友谊是一个奇迹，需要我们提供持续不断的证明，是一种习练，需要我们践行最纯净的想象和最珍贵的信念。它以无言却雄辩的行为表明，“我会与你保持你所能想象的至深情谊，对此你只管坚信不疑。我会向你献出赤诚，献出我全部的财富”，朋友则以自己的天性和生活给出无言的回应，报之以同样的神圣礼敬。无论顺境逆境，朋友始终了解我们的本真，他从不索要爱的标记，却懂得辨识爱的种种固有特征，从中看到爱的身影。朋友来访，用不着拘泥任何礼数。你无须等待我的邀请，来了就知道我欢喜与你相见，要是我请你登门，等于是为你的到访支付了过高的代价。我的朋友住在哪里，哪里就有无尽的财富和诱惑，区区障碍，绝不能分隔你我。愿我永远不必对你说，我不必说的话语。愿我们的交往，彻底超越我们自身，将我们拉向高处，拉向它所在的境界。

友谊的语言没有字句，仅仅由意义构成。友谊是一种高于语言的讯息。按照人们的想象，朋友见面会有说不完的话，会张大嘴巴畅叙心中所想，从不磕巴，永无休止，朋友们的实际体验，却通常与此大相径庭。形形色色的熟人在身边来来去去，到什么场合都有现成的话可讲，但对连呼吸都载满思想和意义的朋友而言，哪里有什么闲言碎语可说？你不妨设想一下给朋友送行的光景，除了跟他握握手之外，你还能想出什么外在的表示？临别之时，你难道会送他几句现成的客套？难道会往他兜里塞一盒药膏？难道会有什么口信要他帮你捎？难道会有什么以前漏掉的声明想要发表？——就跟你真会漏掉什么事情似的。不会的，你握住他的手道声再会，便已经足够传情达意，连这些你也可以坦然省略，只不过习俗暂时占了上风。

倘若他非走不可，却为你久久耽延，甚至会使人痛苦不堪。要是他必须走，就放他快点走。你们有什么**最后的**话语要说吗？唉，有也只有那话语中的话语，你们已为它寻觅多年，却始终没有找见。**你连最初的**话语都还没有说呢。进一步说，这世上很少有人能让我放大胆子，郑重地唤出他最恰切的名字。念出一个名字，无异于认可名字的主人。谁要是能把我的名字念对，便有权召唤我，有权得到我的爱与奉献。然而含敛克制，正是爱人的自由与放任，只有对天性中的敌意或冷漠加以克制，才能为亲近与和谐留出余地。

狂暴的爱，与狂暴的恨一样可怕。爱若能长长久久，便必定风平浪静。就连那众所周知的爱之痛苦，也只会与爱之消亡一同开始，因为爱人虽然是人人企求的身份，真正的爱人却可谓寥若晨星。一个人适合拥有友谊，证据之一便是他能够舍弃廉价的激情。真正的友谊，既温柔又睿智，双方默默地遵循爱的指引，不理会其他任何法则，任何善意。它绝不夸张，绝不疯狂，它的话语却一言九鼎，足可刊于金石。它是更真的真理，更好更美的消息，岁月永不能使它蒙上污垢，也不能否定它的真实。它是一种植物，在冬夏交替的温带地区长得最是茂盛。朋友好比家人[25]，与朋友在家常的土地相会，无需旃罽，无需茵席，而是径直在山岩上席地而坐，遵从质朴自然的原初法则。他们相逢时不会大呼小叫，离别时也不会高声哀号。他们的情谊，蕴含着战士们推崇的种种特质，原因是打开心扉，需要与攻破城门一样的勇气。这情谊不只是无聊的同情和相互的慰藉，更是一种志同道合的惺惺相惜。

当男子气概如日中天，

25.“家人”原文为拉丁词汇“*necessarius*”。

以至于恐惧从此绝迹，
令人力竭的艰辛劳苦，
便使战士们拥抱彼此。[26]

瓦瓦塔姆向皮草商人亨利证实的友谊，见于后者在《探险记》[27]里的记载，这份友谊几乎光秃无叶，却依然开花结果，使人舒心惬意，永志不忘。这位坚毅冷峻的战士完成了斋戒、独居和苦行的仪式，然后来到这个白人的住处，坚称对方就是他在梦里看见的白人兄弟，从此将对方视为手足。他埋掉战斧，因为它对他的朋友虎视眈眈，然后和朋友一起狩猎饮宴，制作枫糖。“金属由熔炼而聚合，鸟兽为互利而同群，笨伯因恐惧与愚蠢而结伙，义人则一见如故。”[28]瓦瓦塔姆虽然会跟族人一起畅饮“白人的乳汁”[29]，还会端起一碗用这个皮草商人的同胞熬成的人肉汤[30]，可他终归先帮朋友逃脱了同样的

26. 引文出自英格兰诗人及剧作家理查德·爱德华兹（Richard Edwards，1525—1566）的诗歌《爱人的争执是爱的新生》（*Amantium irae amoris integratio est*）。着重号是梭罗加的。

27.《探险记》指在北美从事皮草生意的英裔商人亚历山大·亨利（Alexander Henry，1739—1824）撰著的《加拿大及印第安地区旅行探险记》（*Travels and Adventures in Canada and the Indian Territories, 1760—1776*），书中记述了亨利与印第安人瓦瓦塔姆（Wawatam）的友情。

28. 引文出自英国学者及翻译家查尔斯·威尔金斯（Charles Wilkins，1749—1836）的《益世嘉言》英译本（*The Heetopades of Veeshnoo-Sarma*，1787）。《益世嘉言》（*Hitopadeśa*）为古印度寓言合集，成书于八至十二世纪。

29. “白人的乳汁”（white man's milk）是当时北美印第安人对白人所酿烈酒的称谓。

30. 亚历山大·亨利的书中载有瓦瓦塔姆醉酒及与族人分食英国俘虏的事情。

厄运，又为朋友找了个安全的住所。在这位酋长家里，荒山野岭之中，他俩打猎捕鱼，安宁快活地畅叙友情，度过了一个漫长的冬季，最后才在春天到来之时，返回米奇里迈基纳克[31]去处理猎获的毛皮。在奥塔德斯岛，瓦瓦塔姆不得不与朋友道别，因为后者要继续前往圣玛丽急流[32]，以便避开敌人，他俩当时以为，这只是一次短暂的分离。“此时我们互道珍重，”亨利写道，“双方的情感完全互通。走出房门的时候，我心里不能不充满最深切的感激，为我在这间屋子里经历的诸多善举，不能不充满最诚挚的敬意，为我在这家人身上看到的种种美德。他们全家出动，一起陪我走到湖边，我乘坐的独木船刚刚离岸，瓦瓦塔姆便开始向大神祈祷，恳求大神照料他的兄弟，也就是我，直到我们再次聚首……我们的船已经驶出很远，就快听不见他声音的时候，他都还在念诵他的祷

31. 米奇里迈基纳克（Michilimackinac）是北美印第安人对休伦湖迈金诺岛（Mackinac Island）的称呼。

32. 奥塔德斯岛（Isle aux Outardes）是休伦湖上的一个小岛，今名雁岛（Goose Island）。亚历山大·亨利书中的“圣玛丽急流”（Sault de Sainte Marie）指的是法国人建立的一个据点，名字来自从苏必利尔湖流入休伦湖的圣玛丽河（St. Marys River）。

词。”[33]这之后，我们再没听到过瓦瓦塔姆的消息。

友谊并不像人们想象的那么仁慈，它身上没有多少人类的血气，反倒包含着对人类和人类制度、基督徒责任和基督教人道的些许轻蔑，同时又像电流一般，具有净化空气的功用。友谊有可能衍生最无可挽回的悲剧，因为双方都拥有超乎寻常的纯真，并且格外坚定地追随自己最崇高的本能。我们不妨把友谊称作一种本质上的异教交往，它天生无拘无束，不计后果，自发地践行一切美德。友谊不仅仅是最深切的共鸣，更是一种纯洁崇高的陪伴，一种仅余片段的神圣交往，这样的交往源自远古，如今依然间或重现，每当它记起自己的本来面目，便会毫不犹豫地重拾神圣的准则，无视较为卑贱的人类权利和义务。它需要成色十足、毫无瑕疵的神圣品质，只有仰仗最遥远未来的应许和先兆才

33. 引文出自《加拿大及印第安地区旅行探险记》。

能存在。我们不喜爱任何一件只善不美的事物，如果世上能有这等事物的话。大自然会在每一枚果实前面放一朵这样那样的花，可不仅仅是在果实后面放个花萼。如果朋友改信某种较新的约契[34]，舍弃自己的异教和迷信，打碎自己的偶像，如果他忘却自己的神话，待朋友用的是待基督徒的方式，或者是他能够承受的方式，友谊便不再是友谊，变成了做善事，指引人们开办救济院的那条准则，便带着它的仁爱踏进人们的家门，开始在家里构建，救济院对赤贫者的关系。

至于这种交往可以容纳的人数，无论如何也是从“一”开始，因为“一”是我们所知最高贵也最伟大的数字。这世界会不会让这个数字有所增长，情形又会不会像乔叟坚称的那样，

34.“较新的约契”原文为“newer testament”，是对“*New Testament*”(《圣经·新约》)的调侃。

天上的星星不止一对，[35]

还有待事实的证明；

能在千人之中找到一人，
无疑已经是莫大的福分。[36]

倘若我们知道有某个人更值得我们去爱，那就不应该把自己全心交托给其他的任何人。话又说回来，友谊与数字无关，朋友绝不会掰着指头清点朋友的数目，因为朋友无法用数字来计量。这条纽带联结的人越是众多，如果这些人是真正联结在一起的话，联结他们的这份爱就越是珍贵，越是神圣。我乐意相信，两人之间这种亲密私隐的关系，也可以存在于三人之间。说实在的，朋友可不嫌多；或多或少，我们会濡染自己欣赏的美德，这样一来，人生中的每一段关系，最终

35. 引文出自英格兰大诗人乔叟（Geoffrey Chaucer，1343？—1400）的诗歌《百鸟大会》（*The Parliament of Fowls*）。

36. 引文出自乔叟等人从法文转译的长诗《玫瑰之恋》（*The Romaunt of the Rose*）。

都会使我们更加强大。卑陋的友谊往往狭隘排他，高贵的友谊却总是兼容并蓄，它漫溢四方的博爱，正是温暖社会、同情异族的人道精神，因为它虽然立足于私人的基础，究其实却是一项公共事务，一种公共福祉。朋友的价值有胜于一家之长，更应该得到国家的褒奖。

友谊的唯一危险，在于它终将结束。它虽然土生土长，却是一种娇弱的植物。再微小的卑劣，哪怕自己不曾察知，也足以使它朽坏变质。朋友须当知道，自己在朋友身上看到的缺点，都是由自己的缺点招来。猜疑的代价便是坐实猜疑，这是一条再灵验不过的法则。由于狭隘与偏见，我们总是说，我的朋友啊，我只要求你这样那样，如此这般，不会再奢望更多。说不定，世上没有哪个人足够仁厚、足够公正、足够睿智、足够高尚、足够豪迈，以至于配得上一份长青不败的真正友谊。

有时候，我听见朋友们优雅地抱怨，说我不懂得欣赏他们的优雅。我可不会告诉他们，我到底欣不欣赏。他们似乎以为，他们的每一个优雅言行，都应该收到一封感谢信才对。他们的优雅，没准儿已经得到了优雅的赏识。言语和沉默之间，兴许沉默才是最优雅的选择。世上有一些事情，人们从来不会说起，就这些事情而言，绝口不提远比挂在嘴边优雅。面对至高无上的讯息，我们只会奉上不会说话的耳朵。对于我们最优雅的关系，我们不光得保持沉默，还得用渊深的沉默将它埋藏，永远不让它显露人前。也有可能，我与他们至今素昧平生。人际交往的悲剧，由头不是对言语的误解，而是对沉默的不解。理解不了沉默，便让人无从解释。一个人若是不理解你，爱你又有何益？这样的爱，其实与诅咒无异。总以为自己的沉默比你的沉默意味深长的人，能算是哪门子的同伴？认定自己是唯一的受伤一方，这样的行为何其愚蠢、何其冷酷、何其不公！你的朋友，岂不是始终拥有同样的抱怨理由？不用说，我有时会对朋友们的话语充耳不闻，可他们不知道的是，我听到了什么他们没意识到自己说过的话语。我知道我经常使他们大失所望，因为我不说他们想听的话，要不就说一些他们不想听的话。见到朋友的时候，我总是会对他说话，但那个竖起耳朵等我说话的人，并不是我的朋友。他们还会抱怨，说我这个人太难接近。噢，你们这些巴不得椰子长得里朝外的人哪，下次我哭泣的时候，一定给你们通报一声。他们只知道索要言语和行动，却不知真正的情谊，本身便是言语和行动。他们连这些道理都不懂，你哪里还能教化他们？我们经常自我克制，不表露自己的情感，不是因为骄傲，而是因为我们担心自己无以为继，不能再爱那个要求我们为自己的爱提供此类证据的人。

我认识一位女士，她充满活力，富于才智，注重自身修养，执着地追求尽可能高的境界。我与她相见甚欢，觉得她是个十分让我心动的率真女子，而且我估计，她对我也不无好感。但我俩的交情，显然是从未达到那样的程度，从未像女人以至所有人无比向往的那样，亲密无间，深情款款。我乐意帮助她，也受过她的帮助，我很喜欢凭着某种陌生人的特权去了解她，因此不愿像她的其他朋友那样，频繁地上门拜访。我的天性止步于此，我也不太清楚原因何在。或许是因为她没有对我提出最严格的要求，那种好似教规的要求。有些人虽然抱持着我不敢苟同的偏见或偏好，却依然赢得了我的信任，而且我相信他们也信任我，至少也把我看成了一个虔诚的异教徒——一个高尚的希腊人。我有我的原则，跟他们自己的原则一样有理有据。至于这位女士，在我俩的命运交织一处的时间里，在我俩灵性的允许范围之内，我自然而然地与她交往，到今天也珍惜这份情谊，如果她能够领会这一点，对我来说就是一种值得感激的慰藉。我觉得在她面前，我似乎表现得随随便便，漠不关心，没有原则，既不期望更多，又不接受更少。要是她能够了解，我对自己提出了无限高的要求，对其他所有人也是一样，就一定能够明白，我俩这种虽有缺憾却有真诚的交往，比那种更无保留却无诚意、不包含成长之道的交往，不知道要好多少倍。[37]选择同伴的时候，我需要的是一个能像我自己的灵性一样严格要求我的人，这样的人，总是能给人合乎情理的宽容。接纳低于这个标准的人无异于自戕，必将败坏美好的品行。有些人热爱

37.据美国当代作家保拉·布兰查德（Paula Blanchard）《玛格丽特·富勒：从超验到革命》（*Margaret Fuller: From Transcendentalism to Revolution*）一书所说，梭罗说的这位女士是美国报人、评论家、女权倡导者玛格丽特·富勒（Margaret Fuller，1810—1850）。梭罗与富勒交往甚多，曾在后者主编的《日晷》杂志（*The Dial*）发表多篇作品。富勒于1846年前往欧洲，有生之年再未返回新英格兰。

并赞赏我的志向，而不是我的实际表现，对于他们，我既珍视又信任。如果你从不停下来看我，看的是我看的方向，甚至是更远的地方，那我的成长历程，便不能没有你的陪伴。

我的爱必须自由自在，
必须像展翅雄鹰一样，
高高飞越陆地和大海，
翱翔在万事万物之上。

我不能在你的沙龙里，
模糊我眼睛里的光芒，
我不能离开我的天宇，
离开我夜空里的月亮。

你不要做捕鸟的罗网，
来阻止我的自由飞翔，

还用上种种巧妙伪装，
为的是吸引我的目光。

请你做好风飒飒不断，
载我在天空遨游不止，
始终将我的风帆充满，
即便你已经离我而去。

我不能离开我的穹苍，
去迁就你的无常兴致，
真的爱必定高飞远扬，
踪迹始终与天空平齐。

雌鹰绝不会容忍雄鹰，
如此这般地徘徊闲荡，
用他那直勾勾的眼睛，
瞄着太阳底下的地方。

如果友谊并不植根于纯为实用的熟人关系，世上就很少有比帮朋友料理实务更难的事情，因为实务不需要友谊的援手，只需要一点儿鸡毛蒜皮的廉价助力。我与某人在社交和精神层面保持着最为友爱的关系，但他并不知道我拥有何种实用技能，即便是在请我帮忙处理实务的时候，他依然对我这个帮手的本领一无所知，尽管我的实务技能远胜于他，他用的却仅仅是我的双手，并不用我的技能。我认识的另一个人跟他恰恰相反，特别擅长辨识此类技能，不光懂得以彼之长补己之短，还懂得何时应该撒手不管，让帮手自己看着办。所有的工人都知道，帮他干活是一件难得的乐事。与此相反，另外那种待遇却让我吃足了苦头，感觉就像在最为友好、最为崇高的交往之后，朋友竟然诚心诚意地相信你是一把铁锤，抡起你的脑袋去砸钉子，浑不知你不光是他的好朋友，还是个说得过去的木匠，而且会高高兴兴地抡起一把铁锤，为他效犬马之劳。心灵的一切美德，也弥补不了这个缺少洞察力的毛病：

我们如何能信赖善人？
唯有智者能做到公正。
我们利用善人的美德，
却没有能力辨识智者。
有些人堪称无与伦比，
他们理解并热爱美德，
自身却超越寻常见识，
得不到庸凡者的理解。
他们没有动人的眼神，
但却以忠告直指人心。
他们不会为私人利害，
产生有失公允的偏爱，
他们分享宇宙的悲欢，
与宇宙真理同情共感。

孔夫子说："友也者，友其德也，不可以有挟也。"[38]然而，人们往往希望我们连他们的恶习一同结交。我有个朋友，希望我把我明知不对的事情看成对的。但是，如果友谊要把我变成瞎子，要把白昼变成黑夜，那我绝不要什么友谊。友谊应该具有海纳百川的功用，应该能以不可思议的方式开阔人的胸襟。真的友谊经得起真知的考验，不用靠黑暗和愚昧来维持。洞察力的匮缺，不可能成为友谊的要素。相较于别人的美德，朋友的美德我看得更清，有了美德的对比，他的缺点自然会变得更加显眼。恨任何人，理由都没有恨朋友充分。缺点虽然必定有相应的美德来平衡，本身却不会因此变小，它找不出任何开脱的理由，在很多情况下倒会显得比实际还大。经得起批评的人，听不进奉承的人，不讨好裁判的人，或者是甘心让真理始终

38. 引文原文是梭罗对鲍狄埃《孔孟：中国道德及政治哲学四书》相应文字的英译。梭罗的说法有误，因为这句话出自《孟子・万章下》，是孟子说的话。

比自己更受爱戴的人，我一个也没见过。

两个旅人要想步调一致地结伴前行，两人对事物的看法就必须一样真确，一样公正，若非如此，他们的旅程绝不会玫瑰满路。话又说回来，即便是与盲人结伴，你依然可以享受一段获益匪浅的愉快旅程，只要他具备通常的礼貌，只要你谈论风景的时候小心谨记，他没有你所拥有的视力，只要你时刻不忘，他的听觉多半因视力的缺陷而变得更加敏锐。如其不然，你俩的旅伴关系定然其寿不永。一个盲人和一个明眼人一起行路，走到了一道悬崖边。“当心！我的朋友，”后者说，“这儿有道陡峭的悬崖，别再往这边走了。”“我没那么傻。”另一个说，跟着就走下了悬崖。

我们绝不能把内心所想和盘托出，哪怕是面对最真挚的朋友。我们宁可与朋友永诀，也不愿指责朋友，因为我们指责的理由太过充分，以至于无法启齿。任何两人之间也不存在如此完美的理解，以至于一方可以指出另一方的重大缺点，同时又不造成与缺点的严重性成正比的误解。根本性的歧异始终存在，妨碍我们缔结完美的友谊，朋友永远不该把这类歧异宣之于口，只能通过自己的一举一动提出建议。除了爱以外，再没有任何东西能调和朋友之间的歧异。如果他们开始解释，像对待敌手一样对待彼此，一切就已经为时太晚，无可挽回。谁会接受朋友的道歉呢？朋友无需道歉，因为他们之间的龃龉好比霜露，太阳一出便烟消云散，并且具备所有人都从心底认可的益处。朋友之间竟然需要解释——什么解释能弥补这样的悲剧呢？真爱的争拗不会为细枝末节，不会为熟人之间那种可以解释清楚的误会，只会为，唉，只会为一些充分、致命、恒久、永远无法搁置的理由，无论表面的起因是多么地微不足道。真爱的争拗万一出现，便会不断重演，尽管友爱的光线每次都会赶来，给争拗的泪滴镀上金边，这光线好比彩虹，虽说是无比美丽、无比确凿的和解标记[39]，终归只能保得一时晴好，承诺不了永远的风和日丽。我有两三个交情非常不错的朋友，可我从来不曾发现，除了有助于一些转瞬即逝的琐碎事务以外，忠告还有什么别的用处。一个人兴许会知道一点儿另一个人不知道的东西，然而，最大的善意也无法传递那种必备的要素，那种使忠告变得有用的成分。我们只能以各自的本色为依据，去选择彼此接纳，或者是彼此拒绝。我跑去驯服鬣狗，都会比驯服我的朋友容易。朋友这种材料，我拥有的任何工具都加工不了。身无寸缕的野蛮人可以用火把烧倒橡树，把岩石磨成战斧，我却无法将朋友的品性砍削一丝一毫，不管我意在美化，还是意在毁损。

39.据《旧约·创世记》所载，上帝曾以大洪水惩罚作恶的人类，唯独放过了义人挪亚（Noah）一家。洪水退去之后，上帝向挪亚保证不再对人类施加此种惩罚，并以云中的彩虹作为与人类和解的标记。

爱人终将懂得，世上并不存在十足透明、十足可信的人，每个人都有恶魔附体，假以时日，那恶魔没有做不出的坏事。尽管如此，正如一位东方贤哲所说："正人君子即使绝交，各自的原则依然不变。莲藕虽断，藕丝犹连。"[40]

有爱的愚昧与笨拙，胜过无爱的睿智与工巧。这世上兴许有周全的礼数，甚至有平和、机智、才华，以及妙语连珠的对话，没准儿连善意都有，但那些最人道也最神圣的禀赋，依然在苦等见诸实践的机会。没有爱，我们的生活就好比焦炭和灰烬。纵使人们像雪花石膏和帕罗斯大理石一样纯洁，像托斯卡尼别墅[41]一样典雅，像尼亚加拉瀑布一样壮美，可要是他们宴客的美酒没有加奶，我们还不如接受哥特人和汪达尔人的款待。[42]我的朋友绝非出自其他的某个种族，或者是

40. 引文出自威尔金斯的《益世嘉言》英译本。

41. 帕罗斯（Paros）为希腊岛屿，古时以盛产优质白色大理石闻名；托斯卡尼（Tuscany）为意大利一个历史悠久的地区，以佛罗伦萨为首府，拥有辉煌的艺术及建筑传统，区内有美第奇别墅等世界文化遗产。

42. 哥特人（Goths）和汪达尔人（Vandals）是西方历史上蹂躏罗马帝国的蛮族。梭罗这句话可能暗用了《旧约·雅歌》的典故："我走进我的园子……饮了我加奶的美酒，朋友们啊，吃吧，我爱的人们啊，喝吧，多多地喝吧。"

其他的某个家庭，而是我肉中之肉，骨中之骨[43]，是我一奶同胞的兄弟。我看见他的天性向远方苦苦求索，一如我的天性。我与他，永远不会远隔天涯。命运岂不已经用各种各样的安排，把我们联系在了一起？《毗湿奴往世书》有云："贤人缔结友谊，只需同行七步，何况你我，业已同住一处。"[44]长久以来，我们同吃一条面包，同饮一泓泉水，无论寒暑都呼吸同样的空气，感受同样的炎凉，同样的瓜果欣然为我俩补充活力，我俩从未有过一丝一缕的不同思绪，这一切，怎会没有任何意义！

大自然天天迎来，她的曙光，

我的曙光，却可谓稀少罕见，

然而我满意地高喊，老实讲，

我觉得我的曙光，最是灿烂。

43. 典出《旧约·创世记》。据该书所载，耶和华用亚当的肋骨造出夏娃，然后把夏娃领到亚当面前，亚当说："这是我骨中之骨，肉中之肉。"

44. "往世书"（Puranas）是一类古印度文献的统称，这类文献的主要内容是宇宙历史、神谱和帝王贤哲世系。此处引文出自英国学者贺拉斯·威尔逊（Horace Hayman Wilson，1786—1860）1840年出版的印度典籍《毗湿奴往世书》（*The Vishnu Purana*）英译本。

因为当我的太阳，屈尊升起，
哪怕是正值，大自然的正午，
她最美的原野，将没入阴翳，
我的光线，也无法继续夺目。

有时候我与伙伴，促膝倾谈，
沐浴着大自然，昼日的暖意，
但我们一旦交换，一缕光线，
她的温煦，便立刻不足挂齿。

我借由他的话语，登高远望，
仿佛身处一座，东方的山岭，
看见辉煌的曙光，为我绽放，
胜过她锦囊里的，一切黎明。

仿佛是两个夏日，合二为一，
两个太阳之日，汇聚在一起，
我俩的光线，织成一轮旭日，

带来夏季的天气，美好无比。

我最后一个十一月的日落，必定会使我恍然升入仙灵世界，忆起我年轻时的红润晨曦，传入我昏聩耳朵的最后一段旋律，必定会使我忘却自己的年纪，或者简而言之，大自然施加的诸多影响，必定会在我们有生之年持续存在，与此相同，我的朋友必定是我永远的朋友，永远为我反射上帝的辉光，而我们的友谊一如神庙的残墟，必定会得到时间的滋养和装点，得到时间的祝圣。正如我爱自然，爱鸣啭的鸟儿，爱闪亮的麦茬，爱奔流的河川，正如我爱清晨与薄暮，爱严冬与炎夏，我的朋友啊，我爱你。

不过，我们能对友谊发表的一切评说，都好比植物学对花朵的描述。我们的理解力，如何能悟透它包孕的友爱?

即便是朋友的死亡，也会像朋友的生命一样激励我们。他们会为哀悼者留下慰藉，正如富人为自己的葬仪留下钱财，崇高愉悦的思绪会环绕我们对他们的怀念，正如苍苔覆满他人的墓碑，因为我们的朋友，永不在墓地栖居。

谨以此献给阿尔卑斯山这边和大西洋这边的朋友们。

此外，容我将这些恳求与忠告的话语，献给群山之外那些为数众多的可敬相识：你们好！

我最与世无争、最不受责任羁绊的邻居们啊，我们一定要相互利用彼此的全部长处，纵然不能互敬互爱，起码也要互惠互利。我知道分隔你我的山岭高耸入云，终年积雪，可我们用不着灰心丧气，尽可以赶趁晴好的冬日，去翻越这些山岭，必要的话，还可以用醋来软化岩石。因为葱郁的意大利平原横亘在我这一边，正等着欢迎你们的到来，而我也会日夜兼程，前往你们的普罗旺斯。[45]相见之后，请你们放胆敲打我的头，我的心，敲打我的任何要害。你们只管相信，我这块木料晾晒彻底，强韧结实，经得起猛烈的折腾，就算它弯折断裂，它的产地也还有许多替代之物。我可不是什么陶器，碰着邻居就有撞碎的危险，有了裂缝就非得发出刺耳的怪叫，一直叫到生命终结，实在说来，我更像一块老式的木头垫板[46]，时而占据餐桌的上首，时而充作挤奶的小凳，时而成为儿童的座椅，最终入土之时，身上少不了光荣伤疤的装点，不到鞠躬尽瘁，绝不死而后已。除了沉闷无聊之外，什么也惊吓不了勇敢的人。想想吧，每个人一生遭遇的挫折何其众多，或曾掉进饮马的池子，或曾吃下淡水的贝类[47]，或曾一件衬衫连穿一个

45. 梭罗这句话虽是比喻，但也有现实的地理依据，因为法国的普罗旺斯（Provence）确实与意大利的波河平原相邻，中间隔着阿尔卑斯山脉。

46. 垫板（trencher）是西方的一种食器，中世纪时期用得尤为普遍，原本是充作盘子的圆形面包片，后来改为木制，形制为或圆或方的平板或浅盘。

47. 美国人通常不吃淡水贝类。

星期，没换没洗。说真的，除非你跟惊吓你的东西存在某种电亲和性[48]，否则就不可能受到这种东西的惊吓。既是如此，利用我吧，因为我有我的用处，而且跟从毒伞菇和天仙子[49]到大丽花和紫罗兰的众多祈求者站在一起，恳请你们给我个用武之地，如果你们发现我好歹有点儿用的话。你们可以把我当成香蜂花[50]和薰衣草，用作药饮药浴，可以把我当成马鞭草和天竺葵[51]，用作香料来源，可以把我当成仙人掌，以供观赏，也可以把我当成三色堇，以表相思[52]，若不能给我安排更为高贵的差使，至少也让我发挥这些卑微的作用吧。

我亲爱的陌生人和敌人啊，我可不会忘了你们。我有的是欢迎你们的气量。给你们写信的时候，容我这样落款："您永远忠实的某某"或是"您感恩不尽的仆从"。面对敌人，我们不必有丝毫畏惧，因为上帝安排

48. 电亲和性（electric affinity）是十八至十九世纪西方科学家使用的一个概念，指促成化学反应的"力"或两种物质的"结合倾向"，这一概念后来被化学亲和性（Chemical affinity）代替。

49. 天仙子（henbane）为茄科天仙子属有毒草本植物，学名*Hyoscyamus niger*，有镇咳止痛的功效。

50. 香蜂花（balm）亦名香蓉，为唇形科蜜蜂花属多年生草本植物，学名*Melissa officinalis*，富含芳香油，为西方传统药物。

51. 马鞭草（verbena）为马鞭草科马鞭草属各种植物的通称，该属的一些品种可用于提炼精油；"天竺葵"原文为"geranium"，此处应为牻牛儿苗科天竺葵属（*Pelargonium*）各种植物的通称，该属有一些品种可用于制造香水。

52. 典出莎士比亚戏剧《哈姆雷特》第四幕第五场奥菲利娅（Ophelia）的台词："这些是三色堇，代表相思。"

了一支常备的援军，供我们御敌之用[53]，与此相反，并没有盟军来帮助我们对付朋友，对付这些毫不留情的汪达尔人。

最后，再一次献给所有的人：

“朋友们、罗马公民们、同胞们、爱人们。”[54]
就让这些纯净的厌憎，
继续将我们的爱支撑，
好让我们成为彼此的良知，
好让我们的共鸣，
以良知作为根据。

我们要待彼此如同天神，
将我们对善与真的信念，
全部赠给彼此，
将怀疑与猜嫌，
留给下界的神祇。

53. 可参看《旧约·申命记》所载的耶和华训诫：“上阵与敌人作战之时，若见敌方人马战车多于己方，不必畏惧，因引领你走出埃及的上帝与你同在。”

54. 在莎士比亚戏剧《尤利乌斯·恺撒》当中，第三幕第二场有马库斯·布鲁图（Marcus Brutus）在刺杀恺撒之后对罗马市民发表的演讲，开头是“罗马公民们、同胞们、爱人们”，又有马克·安东尼（参见前篇注释）发表的演讲，开头是“朋友们、罗马公民们、同胞们”。

我们是两颗孤星，
中间间隔着不停运转，
不计其数的遥远星系，
但我们借着意志的光线，
坚定地奔向同一个天极。

我们何须怨怼穹苍——
爱能够经受漫长的等候，
因为何年何月也不为迟，
只要能等来使命的成就，
或者是新使命的开始。

爱所能发挥的功用，
超不过花儿的缤纷，
只有那自主自立的客人，
才能时常探访它的浓荫，
承继它的馈赠。

再友善的言语也不包含爱，
只有那更友善的沉默，
才能把爱带给伴侣，
白天送上祝贺，
夜晚送上慰藉。

口舌能对口舌道明何意？
耳朵能从耳朵听清何事？
只有借助命运的谕旨，
爱才能年年岁岁，
不断传递。

无法逾越的情感鸿沟，
张着它的大口，言语的小桥，
乃至最有气魄的恢宏拱券，
都不能跨过这一道，
包围诚挚之人的壕堑。

再令人望而却步的窗栅门闩，
也不能把敌人拒之门外，
不能阻止他挖暗道突破防线，
带着猜疑闯进门来，
划出分隔友人的界限。

无论是什么样的门房，
也不能把友人领进城寨，
但他好比普照万物的太阳，
终将把城寨揽入胸怀，
光辉洒满城墙。

我知道世间没有任何事物，
能够逃脱爱的追赶，
因为爱无深不入，
无高不攀。

它懂得像天空一般，
耐心等待云雾消散，
同时又拥有永恒的白昼，
永远在静静地闪耀，
无论雾散云收，
还是云遮雾罩。

爱从来不会宽贷——
敌人会屈服于收买或诱引，
放弃他险恶的意图，
存心良善之人，
却永远无法安抚。[55]

55.梭罗这首诗题为“友谊”（*Friendship*），曾经发表在1841年10月的《日晷》杂志上。

我的朋友必定是我永远的朋友，永远为我反射上帝的辉光，而我们的友谊一如神庙的残墟，必定会得到时间的滋养和装点，得到时间的祝圣。

正如我爱自然，爱鸣啭的鸟儿，爱闪亮的麦茬，爱奔流的河川，正如我爱清晨与薄暮，爱严冬与炎夏，我的朋友啊，我爱你。

图书在版编目（CIP）数据

暮云春树：关于友谊的四种经典 /（古罗马）马库斯·图留斯·西塞罗等著；李家真译注 .—北京：中国法制出版社，2020.9

ISBN 978-7-5216-1163-2

Ⅰ. ①暮…　Ⅱ. ①马…　②李…　Ⅲ. ①友谊–文集
Ⅳ. ① B824.2-53

中国版本图书馆 CIP 数据核字（2020）第 110970 号

策划 / 统筹：李　佳（amberlee2014@126.com）
责任编辑：周熔希　　装帧设计：高　瓦

暮云春树：关于友谊的四种经典

MUYUN CHUNSHU：GUANYU YOUYI DE SI ZHONG JINGDIAN

著者 /［古罗马］马库斯·图留斯·西塞罗等

译注 / 李家真

经销 / 新华书店

印刷 / 北京华联印刷有限公司

开本 / 880 毫米 ×1230 毫米　32 开　　印张 / 7　字数 / 112 千

版次 / 2020 年 9 月第 1 版　　2020 年 9 月第 1 次印刷

中国法制出版社出版

书号 ISBN 978-7-5216-1163-2　　定价：49.80 元

北京西单横二条 2 号　邮政编码 100031　　传真：010-66031119

网址：http://www.zgfzs.com　　**编辑部电话：010-66054911**

市场营销部电话：010-66033393　　**邮购部电话：010-66033288**

（如有印装质量问题，请与本社印务部联系调换。电话：010-66032926）

译者简介 + **李家真**

+

川人，一九七二年生，曾任《中国文学》执行主编及《英语学习》副主编，现居巴渝，专事文字。写有大量随笔，译有《泰戈尔英文诗集全集》《丘吉尔传》《先知》《沙与沫》《流浪者》《福尔摩斯探案全集》《王尔德小说童话全集》《培根随笔全集》《瓦尔登湖》《两河一周》《鳕鱼海岬》《缅因森林》等作品。